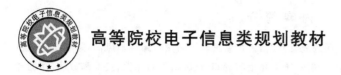高等院校电子信息类规划教材

Web 网站自动化测试

邢　颖　周晓光　宋海宁　主编

U0290896

北京邮电大学出版社
www.buptpress.com

内 容 简 介

　　本书作为邮政快递相关专业创新实践课的配套教材,旨在紧跟软件测试的潮流与风向,基于实际的自动化测试框架项目的设计理念和开发经验,全面系统地介绍与 Web 测试相关的知识、技术和方法,帮助学生掌握 Web 测试中所需的各项知识和技能,从而保证该课程的顺利开展,为相关专业输送具备实战能力的技术人才。

图书在版编目(CIP)数据

Web 网站自动化测试 / 邢颖,周晓光,宋海宁主编. -- 北京:北京邮电大学出版社,2021.6(2023.8 重印)
ISBN 978-7-5635-6389-0

Ⅰ. ①W… Ⅱ. ①邢… ②周… ③宋… Ⅲ. ①网站—测试—高等学校—教材 Ⅳ. ①TP393.092.1

中国版本图书馆 CIP 数据核字(2021)第 117147 号

策划编辑:彭　楠　　责任编辑:王晓丹　米文秋　　封面设计:七星博纳

出版发行:北京邮电大学出版社
社　　　址:北京市海淀区西土城路 10 号
邮政编码:100876
发 行 部:电话:010-62282185　传真:010-62283578
E-mail:publish@bupt.edu.cn
经　　销:各地新华书店
印　　刷:北京虎彩文化传播有限公司
开　　本:787 mm×1 092 mm　1/16
印　　张:13.25
字　　数:330 千字
版　　次:2021 年 6 月第 1 版
印　　次:2023 年 8 月第 3 次印刷

ISBN 978-7-5635-6389-0　　　　　　　　　　　　　　　　　　　　　定价:35.00 元

· 如有印装质量问题,请与北京邮电大学出版社发行部联系 ·

前　言

本书以培养高层次的 Web 测试专业人才为出发点,结合当前的 Web 测试人才需求,紧跟行业发展方向,有针对性地设置了教学内容。本书的主要内容包括软件测试概述、软件缺陷、黑盒测试、Web 自动化测试概述、Web 自动化测试实现原理、自动化测试平台 ATF (Automatic Testing Framework)简介、ATF 概述、ATF 测试基础设施建设、ATF 项目测试流程、软件评审、电子商务网站实战演练和智慧校园网站实战演练,共 12 章。

其中,第 1 章,软件测试概述,介绍了软件测试的背景、基本概念以及测试流程等。第 2 章,软件缺陷,先介绍了软件缺陷的基本概念,然后重点介绍了如何管理软件缺陷。第 3 章,黑盒测试,主要介绍了黑盒测试方法以及黑盒测试工具。第 4 章,Web 自动化测试概述,主要介绍了 Web 测试的基本概念及其技术的实践与发展历程,并进一步介绍了 Web 自动化测试的概念。第 5 章,Web 自动化测试实现原理,先介绍了目前常见的 Web 自动化测试工具以及先进的 ATF 自动化测试框架,之后讲解了自动化测试的基本流程和自动化模拟技术。第 6 章,ATF 简介,在宏观角度上对 ATF 做了整体介绍,包括产生背景、设计理念、支持的浏览器和平台、辅助工具和能力要求。第 7 章,ATF 概述,着重介绍了 ATF,并对其系统架构、创新点和优势进行了概述。第 8 章,ATF 测试基础设施建设,介绍了 ATF 中的测试基础设施建设模块,包含自动化构件管理与维护、元素库、执行代码管理、基础脚本、执行机管理、用户权限等内容。第 9 章,ATF 项目测试流程,具体介绍了使用 ATF 进行 Web 测试工作流程的全周期。第 10 章,软件评审,主要介绍了软件评审的组织、内容、方法和要点。第 11 章,电子商务网站实战演练,介绍了在电子商务网站中使用 ATF 进行测试的步骤及流程,给读者提供了工具使用的范例。第 12 章,智慧校园网站实战演练,介绍了在更为复杂的智慧校园网站中使用 ATF 进行测试的步骤及流程,使读者能够更加熟练地使用 ATF 测试工具。

本书是根据北京邮电大学教育部信息网络工程研究中心的研发成果编写而成的,由邢颖、周晓光、宋海宁主编,亦得益于钱晓萌、吴佳轩、王兴德、付寿东等团队成员的努力和贡献,在此对他们的付出表示感谢。

目　录

第 1 章 软件测试概述

1.1 软件测试的背景

随着计算机信息技术的飞速发展,计算机在人们的生活中起着越来越重要的作用,软件质量问题成为人们关注的焦点问题。急剧增长的计算机系统的规模和复杂性,以及不断增长的软件开发成本和软件故障造成的经济损失成为当前亟待解决的重要问题。在展望 21 世纪计算机科学发展方向与策略时,许多科学家把提高软件功能和提高性能放在提升软件质量的优先位置。

1.1.1 软件缺陷的简单介绍

软件缺陷是指在计算机软件或程序中存在的某种破坏正常运行能力的问题、错误,或者存在的隐藏功能缺陷。一般来说,满足下列 5 个规则之一才称发生了软件缺陷:

- 软件未实现产品说明书要求的功能;
- 软件出现了产品说明书指明不应该出现的错误;
- 软件实现了产品说明书未提到的功能;
- 软件未实现产品说明书虽未提到,但应该实现的目标;
- 软件难以理解,不易使用,运行缓慢,或者从测试员的角度看,用户最终会认为不好。

目前软件规模和复杂性急剧增加,具有上千万、上亿乃至数十亿行代码的软件非常普遍,软件故障逐渐成为导致计算机系统失效和停机的最主要因素。下面介绍几个实例。

1. 迪士尼狮子王游戏的软件缺陷

1994 年秋天,迪士尼公司发布了第一个面向儿童的多媒体光盘游戏——《狮子王动画故事书》(*The Lion King Animated Storybook*)。当时已有许多其他公司在儿童游戏市场上运作多年,但是这次是迪士尼公司首次进军这个市场,所以其进行了大量的促销宣传。最终,狮子王游戏的销售额非常可观,该游戏成为孩子们那年节假日必买的游戏之一。然而,没过多久,迪士尼公司就面临了市场危机。12 月 26 日,迪士尼公司的客户支持电话开始响个不停,很快,电话支持技术员们就被淹没在来自哭着完不成游戏的孩子们的愤怒家长的电话中,报纸和电视新闻进行了大量的报道。

后来证实,迪士尼公司未能对市面上投入使用的许多不同的 PC 机型进行广泛的测试。软件只有在迪士尼程序员使用的用来开发游戏的系统等极少数系统中可以正常使用,但在大多数公众使用的系统中却不能正常运行。

2. "爱国者"导弹防御系统缺陷

"爱国者"导弹防御系统是美国总统里根提出的战略防御计划(即星球大战计划)的简单版本,它首次应用在海湾战争对抗伊拉克的"飞毛腿"导弹的防御战中。尽管对该系统进行赞誉的报道不绝于耳,但是它确实在几次导弹对抗中失利,包括一次导致在沙特阿拉伯多哈的 28 名美国士兵被击毙。分析发现症结在于一个软件缺陷,系统时钟的一个很小的计时错误积累到 14 小时后,跟踪系统就不再准确,而在多哈的这次袭击中,系统已经运行了 100 多小时。

3. "千年虫"问题

20 世纪 70 年代早期的某个时间,某位程序员为其公司设计开发工资系统。因为工资系统相当依赖于日期的处理,所以需要节省大量的存储空间。他使用的计算机存储空间很小,迫使他尽量节省每一个字节。他将自己的程序压缩得比其他任何人的都紧凑,使用的方法之一是把 4 位数年份,如 1973 年,截取后两位,将年份缩减为 2 位数 73。他简单地认为只有到达 2000 年,他的程序开始计算 00 或 01 这样的年份时问题才会产生。虽然他知道会出现这样的问题,但是他认定在 25 年之内程序肯定会升级或者更换,而眼前的任务比计划遥不可及的未来更加重要。然而这一天毕竟到来了。1995 年,他的程序仍在使用,而他退休了,谁也不会想到要深入程序中,检查 2000 年的兼容问题,更不用说去修改了。全球各地更换或升级类似于前者的程序以解决潜在的 2000 年问题的费用达数千亿元。

4. 美国航天局火星登陆探测器缺陷

1999 年 12 月 3 日,美国航天局的"火星极地登陆者"号探测器试图在火星表面着陆时失踪。一位故障评估委员会成员在调查该故障后,认定出现故障的原因极可能是一个数据位被意外置位。最令人警醒的问题是,该故障为什么没有在内部测试时被发现呢?

着陆的计划是这样的:探测器向火星表面降落时,它将打开降落伞减缓下降速度。降落伞打开几秒后,探测器的三条腿将迅速展开,并锁定位置,准备着陆。探测器在离地面 1 800 米时,将丢弃降落伞,点燃着陆推进器,缓缓地降落到地面。

美国航天局为了节省资金,简化了确定何时关闭着陆推进器的装置。他们在探测器的脚部装了一个廉价的触点开关,在计算机中设置一个数据位来控制触点开关关闭燃料。想法很简单,探测器的发动机需要一直点火工作,直到脚"着地"为止。

故障评估委员会在测试中发现:许多情况下,当探测器的脚迅速撑开准备着陆时,机械振动也会触发着陆触点开关,设置致命的错误数据位。设想探测器开始着陆时,计算机极可能关闭着陆推进器,"火星极地登陆者"号探测器飞船下坠 1 800 米之后冲向地面,撞成碎片。

结果是灾难性的,但背后的原因却很简单:登陆探测器经过了多个小组的测试,其中一个小组测试飞船的脚的展开过程,另一个小组测试此后的着陆过程。前一个小组不会注意着地数据是否置位——这不是他们负责的范围;后一个小组总是在开始复位之前复位计算机,清除数据位。双方独立工作都做得很好,但合在一起就不是这样了。

5. Intel 奔腾芯片缺陷

在计算机的"计算器"中计算算式：

$$(4\ 195\ 835/3\ 145\ 727)\times3\ 145\ 727-4\ 195\ 835$$

如果结果不为 0，就说明该计算机使用的是带有浮点除法软件缺陷的老式 Intel 奔腾处理器。

1994 年，美国弗吉尼亚州 Lynchburg 学院的一位博士在用奔腾 PC 解决一个除法问题时，发现了这个问题。之后，他将发现的问题发布在互联网上，引发了一场风暴，成千上万的人发现了同样的问题，以及其他得出错误结果的情形。不过，这种情况仅在精度要求很高的数学、科学和工程计算中才会出现。

这个事件引起人们关注的原因并不是这个软件缺陷，而是 Intel 公司解决问题的态度。

- Intel 公司的测试工程师在芯片发布之前就已经发现了这个问题，但管理层认为还没严重到一定要修正甚至公开的程度。
- 当这个软件缺陷被发现时，Intel 公司通过新闻发布和公开声明试图弱化问题的严重性。
- 当来自外界各方的压力增大时，Intel 公司承诺可以更换有问题的芯片，但要求用户必须证明自己受到缺陷的影响。

之后，互联网上充斥着客户要求 Intel 公司解决问题的呼声，新闻报道将 Intel 公司描述成不诚信者。最后，Intel 公司为自己处理软件缺陷时不当的行为道歉，并拿出 4 亿多美元来支付更换芯片的费用。由此可见，一个小小的软件缺陷造成的损失有多大。

产生软件缺陷的原因是多方面的，下面列举一些产生软件缺陷的原因。

- 技术问题：算法错误、语法错误、计算和精度问题、接口参数传递不匹配等。
- 团队工作：在软件开发过程中，负责不同部分的团队之间沟通不充分，出现前后不兼容等问题。
- 软件本身：文档错误、用户的使用方法不对；需求与设计不协调或不一致所带来的问题；系统的自我恢复或者数据的异地备份、灾难性恢复等问题。

不管采用什么样的技术和方法，软件中总会有故障产生，因为人的主观认识常常难以完全符合客观现实，而且与工程密切相关的工作人员之间的沟通和配合也不可能完美无缺。即使是标准商业化软件中也有故障存在，只是严重程度不同而已。为减少故障的引入，可以采用新的编程语言、先进的开发方式、完善的开发过程，但是我们无法完全杜绝软件中的故障。这就需要通过软件测试来发现软件中的故障及故障密度。

1.1.2 软件测试的重要性

"在发布新产品之前做好测试，提高软件产品质量，减少漏洞，是预防遭受木马攻击的根本途径。"北京康赛普特信息技术有限公司高级测试总监王亚智指出，零缺陷的软件是不存在的。但通过必要的测试，软件缺陷可减少 75%，降低软件使用风险。有关机构研究表明，国外软件开发商 40% 的工作量要花在测试上，对一些可靠性、安全性要求较高的软件更是不惜人力、物力。以微软为例，早在 1999 年发布 Windows 2000 操作系统时，微软就投入了 250 多个项目经理，1 700 多个开发人员，而内部测试人员达到 3 200 人，比前两者之和还要多。相比之下,国内 IT 产业还在软件测试人才稀缺这一基础难题上挣扎。由于人才供需失衡,国内 120 万软件从业人员中,真正能担任软件测试职位的不超过 5 万人,具有 3 年以上经验的软件测试工程师不足 1 万人,大多数软件厂商测试人员的数量不足开发人员总数量的五分之一,远落后于国外的先进水平。人才短缺使企业测试能力不足,限制了产品开发和行业发展。有专家分析指出:我国测试人才稀缺的主要原因是人才培养途径不健全。

目前,我国高等教育体系还没有开设软件测试的相关专业,仅有几家知名职业培训机构开设了相关课程,但每年培养的人才数量相对于市场的巨大缺口无异于杯水车薪,现阶段我国软件测试人才供需严重不平衡,人才培养迫在眉睫。从将消费者追求安全可靠的心态作为衡量软件产品是否合格的标准来看,软件测试不应仅仅是检验质量的工具,更应成为验证软件产品是否符合用户需求的保障。对软件厂商来说,只有拥有足够的软件测试人才才能对产品进行全面的安全测试,业务才有可能进一步拓展。

1.2 软件测试的基本概念

1.2.1 软件测试的定义

软件测试是使用人工或自动化手段来运行或测试某个系统的过程,其目的在于检验系统是否满足规定的需求或弄清预期结果与实际结果之间的差别。关于软件测试的定义,不同学者有不同的观点。

- IEEE 标准的定义:使用人工或自动化手段来运行或测试某个系统的过程。其目的在于检验系统是否满足规定的需求或弄清预期结果与实际结果之间的差别。
- G. J. Myers 给出的定义:程序测试是为了发现错误而执行程序的过程。这个定义被软件测试业界认可,并经常被引用。

但实际上,这样的定义还不能完全反映软件测试的内涵,它仍局限于"程序测试"。随后,G. J. Myers 进一步提出了有关程序测试的 3 个重要观点:

① 测试是为了证明程序有错,而不是证明程序无错。
② 一个好的测试用例在于它能发现至今未被发现的错误。
③ 一个成功的测试是发现了至今未被发现的错误的测试。

要完整地理解软件测试,就要从不同方面和视角去辩证地审视软件测试。概括起来,软件测试就是贯穿整个软件开发生命周期、对软件产品(包括阶段性产品)进行验证和确认的活动过程,其目的是尽快尽早地发现在软件产品中存在的与用户需求、预先的定义不一致的地方。

软件测试是一项花费昂贵的活动,客户希望通过软件测试来发现并改正程序中的错误,从而提高软件的质量和可靠性。在进行测试时不应该假定待检测软件没有故障,而应该从软件含有故障这个假定出发去测试程序,从中发现尽可能多的软件故障。因此,一个成功的测试是发现了至今未被发现的故障的测试,一个好的测试用例在于能发现至今尚未被发现的故障。

1.2.2　软件测试的分类

从不同的角度看,软件测试有不同的分类,如下所述。

根据是否针对系统的内部结构和具体实现算法来完成测试,可分为以下几类。

- 黑盒测试:通过软件的外部表现来发现其缺陷和错误。黑盒测试法把测试对象看成一个黑盒子,完全不考虑程序内部结构和处理过程。黑盒测试是在程序界面处进行测试,它只是检查样序是否按照需求规格说明书的规定正常实现。
- 白盒测试:又称结构测试,通过程序内部结构的分析、检查来寻找问题。白盒测试可以把程序看成装在一个透明的盒子里,也就是清楚了解程序结构和处理过程,检查是否所有的结构及路径都是正确的,检查软件内部动作是否按照设计说明的规定正常进行。
- 灰盒测试:介于白盒测试与黑盒测试之间的测试。灰盒测试关注输出对于输入的正确性;同时也关注内部表现,但这种关注并不像白盒测试那样详细、完整,只是通过一些表征性的现象、事件、标志来判断内部的运行状态。

根据测试过程中被测软件是否被执行可分为以下几类。

- 静态测试(static testing):不实际运行被测软件,而只是静态地检查程序代码、界面或文档中可能存在的错误的过程。
- 动态测试(dynamic testing):实际运行被测软件,输入相应的测试数据,检查输出结果和预期结果是否相符的过程。

按测试的阶段可分为以下几类。

- 单元测试:又称模块测试,是针对软件设计的最小单位——程序模块——进行正确性检验的测试工作。其目的在于检查每个程序单元能否正确实现详细设计说明中的模块功能、性能、接口和设计约束等要求,发现各模块内部可能存在的各种错误。单元测试需要从程序的内部结构出发设计测试用例。多个模块可以平行地独立进行单元测试。
- 集成测试:又称组装测试。通常在单元测试的基础上,将所有的程序模块进行有序的、递增的测试。集成测试用于检验程序单元或部件的接口关系,使其逐步成为符合概要设计要求的程序或整个系统。
- 确认测试:又称有效测试,是指在模拟的环境下,验证软件的所有功能和性能以及其他特性是否与用户的预期要求一致。通过了确认测试的软件才具备进入系统测试阶段的资质。
- 系统测试:在真实的系统运行环境下,检查完整的程序系统能否和系统(包括硬件、外设、网络和系统软件、文件平台等)正确配置、连接,并最终满足用户的所有需求。
- 验收测试:软件产品检验的最后一个环节,按照项目任务书或合同、供需双方约定的验收依据文档进行对整个系统的测试与评审,决定接收或拒绝系统。

按软件特性可分为以下几类。

- 功能测试:黑盒测试的一方面,检查实际软件的功能是否符合用户的需求。
- 性能测试:功能的另一个指标,主要关注软件中的某一功能在指定的时间、空间条件下是否使用正常。

其他分类方式如下。

- 回归测试：修改了旧的代码之后重新进行测试，以确认修改没有引入新的错误或导致其他代码产生错误。
- 冒烟测试：在对一个新版本进行系统大规模的测试之前，先验证一下软件的基本功能是否实现，是否具备可测性，所以也称可测性测试。
- 随机测试：也称随意性测试，是指测试人员基于经验和直觉的探索性测试。其目的是模拟用户的真实操作，并发现一些边缘性的错误。
- 自动化测试：利用软件测试工具自动实现全部或部分测试。它是软件测试的一个重要组成部分，能完成许多手工测试无法实现或难以实现的测试。正确、合理地实施自动化测试，能够快速、全面地对软件进行测试，从而提高软件质量，节省经费，缩短软件发布周期。

1.2.3　软件测试的目的

测试方案设计的决定权在于软件测试的目的，如果软件测试的目的是要证明程序中没有隐藏的故障存在，就会不自觉地回避可能出现故障的地方，从而设计出一些不易暴露故障的测试方案，使程序的鲁棒性受到极大的影响。相反，如果测试的目的是要证明程序中有故障存在，就会力求设计出最能暴露故障的测试方案。软件测试的目的如下：

- 软件测试是为了发现错误而执行程序的过程。
- 测试是为了证明程序有错，而不是证明程序无错（发现错误不是唯一目的）。
- 一个好的测试用例在于它能发现至今未被发现的错误。
- 一个成功的测试是发现了至今未被发现的错误的测试。

注意　测试并不仅仅是为了找出错误。分析错误产生的原因和错误的分布特征，可以帮助项目管理者发现当前所采用的软件过程的缺陷，以便改进。同时，分析也能帮助我们设计出有针对性的检测方法，改善测试的有效性。没有发现错误的测试也是有价值的，完整的测试是评定测试质量的一种方法，详细而严谨的可靠性增长模型可以证明这一点。例如，Bev Littlewood 发现一个经过测试而正常运行了 n 小时的系统有继续正常运行 n 小时的可能。

1.2.4　软件测试的基本原则

从不同的角度出发，对软件测试的期望也不一样。用户希望软件测试充分暴露软件中存在的缺陷，从而考虑是否接受该产品；开发者希望软件测试能够充分发现软件产品中未被发现的错误，正确地实现用户的需求，确立用户对软件质量的信心。

一般情况下，要从用户和开发者的角度出发进行软件测试。软件测试需要达到为开发者提供修改意见，提高软件质量，以及为用户提供放心的产品，并对优秀的产品进行认证的目的。为了达到上述目标，软件测试应遵循以下基本原则：

① 软件测试工作应贯穿软件开发的各个阶段。在软件项目的需求分析和设计阶段，就

应该同步考虑测试问题,分析测试需求并制订相应的测试计划,对软件文档进行评审。发现问题的时间越早,所需要花费的代价越小。

② 软件测试工作应针对用户需求进行。要根据软件需求和设计文档进行测试需求分析和设计工作,并建立用户需求、测试项和测试用例之间的对应关系。

③ 软件测试工作不应由开发人员承担,而应该由独立的软件测评机构或测评小组来完成。软件测试需要反向思维,采用异常数据和边界数据,这样才容易发现问题。但是开发者有一定的思维定式,其设计的测试用例偏重于采用正常数据,将可能出现问题的地方规避掉,从而导致不能全面地发现软件中的问题。

④ 软件测试中的测试用例应考虑合法的输入和不合法的输入以及各种边界条件,特殊情况下,要制造一些极端状态或意外状态,如网络异常中断、电源断电等情况。

⑤ 软件测试总是不全面的。由于软件程序中循环的存在,程序中存在海量的路径,因此进行穷举测试是不可能的,不要试图通过穷举测试来验证程序的正确性。

⑥ 软件测试要注意测试中错误集中的现象。这与软件开发员的编程水平和习惯有很大的关系。

⑦ 软件测试应明确测试的目的,制订详细的测试计划,并严格执行,尽可能避免测试的随意性。要把软件测试的时间尽可能安排得比较合适,在极短的时间内完成一个高水平的测试可能会出现很多不确定性。

⑧ 软件测试一定要充分注意回归测试的关联性。修改一个错误而引起更多错误的现象并不少见。

⑨ 软件测试要妥善保存测试过程中的一切文档,包括测试需求规格说明、测试计划、测评结果、原始记录、问题报告以及测评报告等,这有利于重现问题,为维护提供方便。

1.3　软件开发

软件,简单地说就是那些在计算机中能看得到,但摸不着的东西。概念性地说,软件也称"软设备",广义地说,软件是指系统中的程序以及开发、使用程序所需要的所有文档的集合。软件不只包括可以在计算机上运行的程序,与这些程序相关的文件一般也被认为是软件的一部分。软件被应用于各个领域,对人们的生活和工作都产生了深远的影响。

1.3.1　软件开发的流程

一个软件产品的开发过程与计算机程序爱好者编写一个小程序的过程是完全不同的。软件开发可能需要几十、几百甚至几千人的协同工作,例如,大约有 6 000 人参与开发 Windows 2000 Server。正规的软件开发过程一般包括软件计划、需求分析、软件设计、程序编码、软件测试和软件维护六个阶段。这六个阶段构成了软件的生命周期,以下给出各阶段的主要任务。

（1）软件计划

对所要解决的问题进行总体定义，包括了解用户的要求及现实环境，从技术、经济和社会因素三个方面研究并论证本软件项目的可行性，编写可行性研究报告，探讨解决问题的方案，并对可供使用的资源（如计算机硬件、系统软件、人力等）成本，可取得的效益和开发进度作出估计，制订完成开发任务的实施计划。

（2）需求分析

需求分析就是对开发什么样的软件进行系统的分析与设想。它是一个对用户的需求进行去粗取精、去伪存真、正确理解，然后将其用软件工程开发语言（形式功能规约，即需求规格说明书）表达出来的过程。本阶段的基本任务是和用户一起确定要解决的问题，建立软件的逻辑模型，编写需求规格说明书文档并最终得到用户的认可。需求分析的主要方法有结构化分析、数据流程图和数据字典等方法。本阶段的工作是根据需求规格说明书的要求，设计建立相应的软件系统的体系结构，并将整个系统分解成若干个子系统或模块，定义子系统或模块间的接口关系，对各子系统进行具体设计定义，编写软件概要设计和详细设计说明书、数据库或数据结构设计说明书、组装测试计划。在任何软件或系统开发的初始阶段必须先完全掌握用户需求，以期能将紧随的系统开发过程中哪些功能应该落实、采取何种规格以及设定哪些限制优先加以定位。系统工程师最终将据此完成设计方案，在此基础上对随后的程序开发、系统功能和性能的描述及限制作出定义。

（3）软件设计

软件设计可以分为概要设计和详细设计两个阶段。实际上软件设计的主要任务就是将软件分解成模块，然后进行模块设计。模块是指能实现某个功能的数据和程序说明、可执行程序的程序单元，可以是一个函数、过程、子程序，可以是一段带有程序说明的独立的程序和数据，也可以是可组合、可分解和可更换的功能单元。概要设计就是结构设计，其主要目标是给出软件的模块结构，用软件结构图表示。详细设计的首要任务是设计模块的程序流程、算法和数据结构，次要任务是设计数据库，常用方法还是结构化程序设计方法。

（4）程序编码

程序编码是指把软件设计转换成计算机可以接受的程序，即写成以某一程序设计语言表示的"源程序清单"。充分了解软件开发语言、工具的特性和编程风格，有助于正确选择开发工具以及保证软件产品的开发质量。

当前软件开发中除在专用场合，已经很少使用 20 世纪 80 年代的高级语言了，取而代之的是面向对象的开发语言。而且面向对象的开发语言和开发环境大都合为一体，大大提高了开发的速度。

（5）软件测试

软件测试的目的是以较小的代价发现尽可能多的错误。实现这个目标的关键在于设计一套出色的测试用例（测试数据与功能和预期的输出结果组成了测试用例）。要设计出一套出色的测试用例，关键在于理解测试方法。不同的测试方法有不同的测试用例设计方法。两种常用的测试方法是白盒法和黑盒法。白盒法的测试对象是源程序，根据程序内部的逻辑结构来发现软件的编程错误、结构错误和数据错误。其中结构错误包括逻辑、数据流、初始化等错误。用例设计的关键是以较少的用例覆盖尽可能多的内部程序逻辑结构。白盒法和黑盒法根据软件的功能或软件行为描述，发现软件的接口错误、功能错误和结构错误。其中接口错误包括内部/外部接口、资源管理、集成化以及系统错误。黑盒法用例设计的关键是以较少的用例覆盖模块输出和输入接口。

（6）软件维护

软件维护是指在已完成对软件的研制（分析、设计、编码和测试）工作并交付使用以后，对软件产品所进行的一些软件工程活动。即根据软件运行的情况，对软件进行适当修改，以适应新的要求，以及纠正运行中发现的错误，编写软件问题报告、软件修改报告。对于一个中等规模的软件，如果研制阶段需要一年至两年的时间，在它投入使用以后，其运行或工作时间可能持续五年至十年，那么它的维护阶段也是运行的这五年至十年。在这段时间，人们需要着手解决运行阶段所遇到的各种问题，同时要解决某些维护工作本身特有的问题。做好软件维护工作，不仅能排除障碍，使软件正常工作，还可以使其扩展功能，提高性能，为用户带来明显的经济效益。然而遗憾的是，对软件维护工作的重视往往远不如对软件研制工作的重视，而事实上，和软件研制工作相比，软件维护的工作量和成本都要大得多。

1.3.2　软件开发的模型

软件开发模型是指软件开发全部过程、活动和任务的结构框架。下面介绍常见的几种软件开发模型。

1. 瀑布模型

瀑布模型是一个经典的软件生命周期模型，也称预测型生命周期、完全计划驱动型生命周期。在这个模型里，在项目生命周期的尽早时间，要确定项目范围及交付此范围所需的时间和成本。在这个模型里，项目启动时，项目团队专注于定义产品和项目的总体范围，然后制订产品（及相关可交付成果）交付计划，接着通过各阶段来执行计划。应该仔细管理项目范围变更，如果有新增范围，则需要重新计划和正式确认。对于经常变化的项目，瀑布模型毫无价值。

开发一个软件项目时，如果采用瀑布模型，一般将软件开发分为软件计划（可行性分析）、需求分析、软件设计（概要设计、详细设计）、程序编码（含单元测试）、软件测试、软件维护等阶段，如图 1-1 所示。

瀑布模型有利于大型软件开发过程中人员的组织、管理，有利于软件开发方法和工具的研究，从而提高了大型软件项目开发的质量和效率。但其开发过程一般不能逆转，否则代价太大；很难严格按该模型进行；很难清楚地给出所有的需求。

2. 增量模型

增量模型是把待开发的软件系统模块化，将每个模块作为一个增量组件，从而分批次地分析、设计、编码和测试这些增量组件。运用增量模型的软件开发过程是递增式的过程。相对于瀑布模型而言，采用增量模型进行开发，开发人员不需要一次性地把整个软件产品提交给用户，而可以分批次提交，如图 1-2 所示。

增量模型最大的特点是将待开发的软件系统模块化和组件化。将待开发的软件系统模块化，可以实现分批次地提交软件产品，使用户及时了解软件项目的进展。以组件为单位进行开发降低了软件开发的风险，一个开发周期内的错误不会影响整个软件系统。开发人员可以对组件的实现顺序进行优先级排序，先完成需求稳定的核心组件。当组件的优先级发生变化时，还能及时地对实现顺序进行调整。

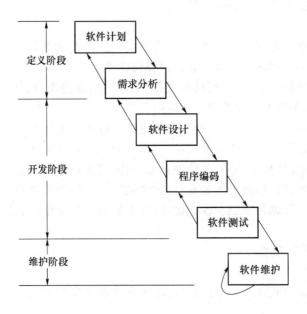

图 1-1　瀑布模型

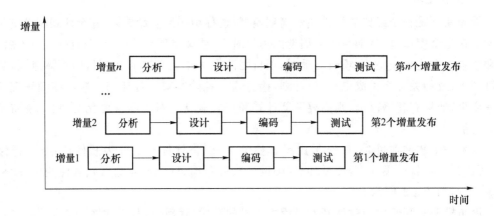

图 1-2　增量模型

增量模型的缺点是要求待开发的软件系统可以被模块化。如果待开发的软件系统很难被模块化,那么将会给增量开发带来很多麻烦。

3. 快速原型模型

快速原型模型需要迅速建造一个可以运行的软件原型,以便理解和澄清问题,使开发人员与用户达成共识,最终在确定的用户需求基础上开发令用户满意的软件产品。快速原型模型允许在需求分析阶段对软件的需求进行初步而非完全的分析和定义,快速设计开发出软件系统的原型,该原型向用户展示待开发软件的全部或部分功能和性能。用户对该原型进行测试评定,给出具体改进意见以丰富细化软件需求。开发人员据此对软件进行修改完善,直至用户满意认可之后,进行软件的完整实现及测试、维护。快速原型模型如图 1-3 所示。

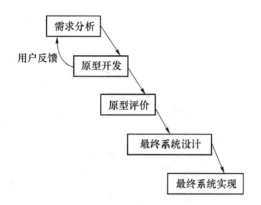

图 1-3　快速原型模型

　　快速原型模型是不带反馈环的，软件产品的开发基本上是按线性顺序进行的。原型系统已经通过与用户交互而得到验证，据此产生的规格说明正确地描述了用户需求，因此，在开发过程的后续阶段不会因为发现了规格说明文档中的错误而进行较大的返工。开发人员通过建立原型系统已经学到了许多东西（至少知道了"系统不应该做什么，以及怎么不去做不该做的事情"），因此，在设计和编码阶段出现错误的可能性也比较小，这自然减少了在后续阶段需要改正前面阶段所犯错误的可能性。但快速建立起来的系统结构加上连续的修改可能会导致产品质量低下。使用这个模型的前提是要有一个展示性的产品原型，因此在一定程度上可能会限制开发人员的创新。

4. 螺旋模型

　　螺旋模型是一种演化软件开发过程模型，它兼顾了快速原型模型的迭代特征以及瀑布模型的系统化与严格监控。螺旋模型最大的特点在于引入了其他模型不具备的风险分析，使软件在无法排除重大风险时有机会停止，以减小损失。同时，在每个迭代阶段构建原型是螺旋模型用以减小风险的途径。螺旋模型更适合大型的、昂贵的、系统级的软件应用。螺旋模型如图 1-4 所示。

　　螺旋模型设计灵活，可以在项目的各个阶段进行变更，同时以小的分段来构建大型系统，使成本计算变得简单。用户始终参与每个阶段的开发，保证了项目不偏离正确方向以及项目具有可控性。随着项目推进，用户始终掌握项目的最新信息，从而能够和管理层有效地交互。这会让用户认可这种公司内部的开发方式带来的良好的沟通和高质量的产品。但螺旋模型很难让用户确信这种演化方法的结果是可以控制的。其建设周期长，而软件技术发展比较快，所以经常出现软件开发完毕后，和当前的技术水平又有了较大的差距，无法满足当前的用户需求。

5. 喷泉模型

　　喷泉模型主要用于采用对象技术的软件开发项目。该模型认为软件开发过程自下而上周期的各阶段有相互迭代和无间隙的特性。软件的某个部分常常重复工作多次，相关对象在每次迭代中随之加入渐进的软件成分。无间隙指各项活动之间无明显边界，如分析和设计活动之间没有明显的界线。由于对象概念的引入，表达分析、设计、实现等活动只用对象类和关系，从而可以较为容易地实现活动的迭代和无间隙，使其开发自然地包括复用。喷泉模型如图 1-5 所示。

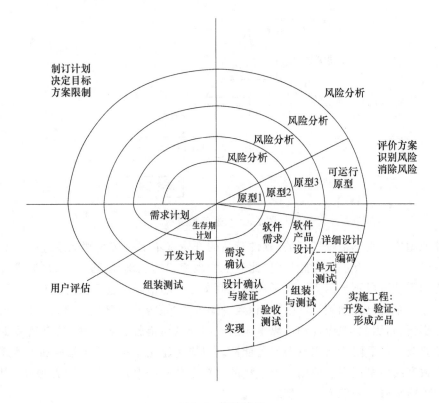

图 1-4　螺旋模型

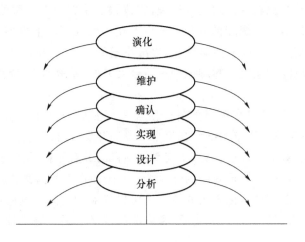

图 1-5　喷泉模型

喷泉模型不像瀑布模型那样,要在分析活动结束后才开始设计活动,设计活动结束后才开始编码活动,该模型的各个阶段没有明显的界线,开发人员可以同步进行开发。其优点是可以提高软件项目开发效率,节省开发时间,适用于面向对象的软件开发过程。但由于喷泉模型的各个开发阶段是重叠的,因此在开发过程中需要大量的开发人员,不利于项目的管理。此外,这种模型要求严格管理文档,使得审核的难度加大,尤其是面对可能随时加入各种信息、需求与资料的情况。

1.4　软件测试的过程

1.4.1　软件测试的流程

软件测试是贯穿于软件定义与开发的整个周期的一个重要环节,是指在软件投入运行前,对软件需求、设计规格说明和编码的最终审定。软件项目开始后,软件测试随之开始。从软件需求分析到最终的验收测试,软件测试的过程如图 1-6 所示。

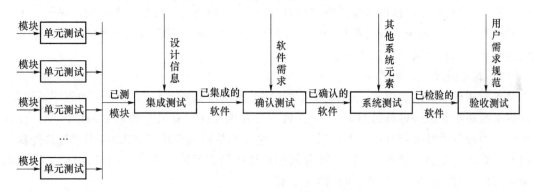

图 1-6　软件测试的过程

软件开发是一个自顶向下逐步细化的过程,而软件测试则是自下而上逐步集成的过程,其中低一级的测试为上一级测试的准备条件。软件测试主要由一系列不同的测试阶段组成,包括单元测试、集成测试、确认测试、系统测试和验收测试。

单元测试是软件测试的开始阶段,即首先对每一个程序模块进行单元测试,以确保每个模块都能正常工作。为尽可能发现并消除模块内部在逻辑和功能上的故障及缺陷,单元测试大多采用白盒测试方法。把测试过的模块组装起来,形成一个完整的软件后进行集成测试,从而检测和排除与软件设计相关的程序结构问题。集成测试大多采用黑盒测试方法来设计测试用例。确认测试以规格说明书规定的需求为尺度,检验开发的软件能否满足所有的功能和性能要求,并给出测试合格的软件产品。系统测试是为了检测开发的软件是否能与系统的其他部分(如硬件、数据库及操作人员)协调工作。验收测试用于解决开发的软件产品是否符合预期要求、用户是否接受等问题。

1. 单元测试

单元测试的目的是检测程序模块中有无故障存在,其是软件开发过程中进行的最低级别的测试活动。在软件测试开始时,首先应集中注意力来测试程序中较小的结构块,而不是把程序作为一个整体来测试,以便发现并纠正模块内部的故障。

单元测试又称模块测试。模块应具有一些基本属性,如名字、明确规定的功能、局部数据、与其他模块之间的数据联系、实现其特定功能的算法、可被其上层模块调用且可调用其下属模块进行协同工作等。

在像 C 语言这样的结构化编程语言中,单元测试的对象一般是函数或子过程。在像

C++这样的面向对象的语言中,单元测试的对象可以是类,也可以是类的成员函数。对 Ada 语言而言,单元测试可以在独立的过程和函数上进行,也可以在 Ada 包的级别上进行。单元测试的原则同样可以扩展到第四代语言(4GL)中,这时单元被定义为一个菜单或显示界面。

单元测试与程序设计和编程实现密切相关,其对象是软件设计的最小单位。因此,单元测试一般由测试人员和编程人员共同完成。测试人员通常采用白盒测试方法设计测试用例,这使得测试人员可通过模块详细设计说明书和源程序代码清楚地了解模块内部的逻辑结构。

在实际的软件开发工作中,单元测试和代码编写所花费的精力大致相同。在软件开发的后期,软件测试发现并修复故障将变得很困难,同时会花费大量的时间和金钱;相反,在软件开发的前期,单元测试可以发现很多软件故障,而且修复这些故障所需的成本很低。单元测试阶段完成后,系统集成过程将会大大地简化,开发人员可以将精力更多地集中在单元之间的交互作用和全局的功能实现上。

2. 集成测试

集成测试又称组装测试、子系统测试,是在单元测试基础之上,按照设计的程序结构图,将各个模块组装起来进行的测试,其主要目的是发现与接口有关的模块之间的问题。在软件开发的过程中时常会有这样的情况发生,每个子模块都能单独正常工作,但当把这些模块组装起来之后就会出现 bug。这是因为程序在某些局部反映不出的问题,在全局上很可能会暴露出来,影响功能的发挥,可能的原因有:

- 模块相互调用时引入了新的问题,如数据可能丢失;
- 一个模块对另一模块可能有不良影响;
- 几个子功能组合起来不能实现主功能;
- 误差不断积累,达到不可接受的程度;
- 全局数据结构出现错误。

在软件集成阶段,测试的复杂程度远远超过单元测试的复杂程度。集成测试是按设计要求把通过单元测试的各个模块组装在一起,检测与接口有关的各种故障。组织集成测试的方法有两种:一种是独立地测试程序的每个模块,然后再将其组合成一个整体进行测试;另一种方法是先把下一个待测模块组合到已经测试过的那些模块上,再进行测试,逐步完成模块集成。前一种方法称为非增式集成测试法,后一种方法称为增式集成测试法。

非增式集成测试的集成过程为:在每个模块完成单元测试的基础上,按程序结构图将各模块连接起来,将连接完成的程序当成一个整体来测试。但非增式集成测试容易出现混乱,因为测试时可能会发现很多错误,但是为每个故障定位和纠正非常困难,而且在整体程序中进行修改时,很可能会引进新的故障,新旧故障混杂,很难定位出错的原因和位置。

增式集成测试是将待测模块与已测过的模块集合连接起来进行测试,直到最后一个模块测试完毕,而不是孤立地测试单一模块。相较于非增式集成测试,增式集成测试极大地提升了测试的效率,降低了测试的人员和时间成本。

3. 确认测试

确认测试是对照软件需求规格说明对软件产品进行评估,以确定其是否满足软件需求的过程。其中包含着很多问题,例如,编写出的程序相对于软件需求规格说明是否符合要求？程序输出的信息是否是用户所要求的信息？程序在整个系统的环境中能否正确稳定地运行？也包含着对软件需求满足程度的评价。

经过单元测试和集成测试后，独立开发的模块已经按照设计要求组装成了一个完整的软件系统，各个模块之间的种种问题都已基本排除。确认测试需要在测试阶段更详细、更具体地测试规格说明，这是为进一步验证软件的有效性，对它在功能、性能、接口以及限制条件等方面做出更切实的评价。除了考虑功能、性能以外，还需检验其他方面的要求，如可移植性、兼容性、可维护性、人机接口以及开发的文档资料是否符合要求等。

经过确认测试，应该对已开发的软件做出结论性的评价，存在以下两种情况：

① 经过检验，软件功能、性能及其他方面都已满足需求规格说明的规定，是一个合格的软件。

② 经过检验，发现与软件需求规格说明有相当的偏离，得到一个缺陷清单，这时就需要开发部门和用户进行协商，找出解决办法。

4. 系统测试

系统测试实际上是针对系统中各个组成部分进行的综合性检验，很接近日常测试实践。软件是计算机系统的一部分，为保证系统各组成部分能够协调地工作，软件开发完成后，还应与系统中的其他部分配合起来，进行系统测试。系统组成部分不仅有软件部分，还包括计算机硬件以及相关的外围设备、数据采集和传输机构、计算机系统操作人员等。系统测试的目标是证明系统的性能。例如：确定系统是否满足性能需求；确定系统的峰值负载条件及在此条件下程序能否在要求的时间间隔内处理要求的负载；确定系统使用资源（存储器、磁盘空间等）是否会超界；确定安装过程中是否会出现不正确的方式；确定系统或程序出现故障之后能否满足恢复性需求；确定系统是否满足可靠性要求等。

系统测试是比较复杂的，需要很多创造性。进行系统测试的人员要善于从用户的角度考虑问题，彻底地了解用户的看法和环境，了解软件的使用。显然，一个或多个用户是最好的进行系统测试的人选，但一般的用户没有前面所说的各类测试的能力和专业知识，所以理想的系统测试小组应由这样一些人组成：几个职业的系统测试专家，一到两个用户代表，一到两个软件设计者或分析者等。系统测试的灵活性很强，开发机构针对自己设计的软件的心理状态与这类测试活动不太适合，大部分开发软件的机构最关心的是系统测试能够按时圆满地完成，并不会过多地考虑系统测试的结果是否与目标一致。一般认为独立的测试机构在测试过程中查错积极性高，并且有解决问题的专业能力。因此，系统测试最好由独立的测试机构完成。系统测试有很多类型，我们将在第6章进一步讨论。

5. 验收测试

验收测试是将最终产品与最终用户的需求进行比较的过程，是软件开发结束后向用户交付软件产品之前进行的最后一次质量检验活动，它解决开发的软件产品是否符合预期的各项要求、用户是否接受等问题。验收测试不仅要检验软件某方面的质量，还要进行全面的质量检验并决定软件是否合格。验收测试的目的是向用户表明所开发的软件系统能够像用户所预期的那样工作。这就好比向建筑的使用者展示建好的建筑，验收测试是由建筑的使用者来执行的，他会检查这个建筑是否满足规定中的工程质量，使用者关注的重点是住在这个建筑中的感受，包括建筑的外观是否美丽、各个房间的大小是否合适、窗户的位置是否合适以及能否满足家庭的需要等。

验收测试的主要任务包括：

- 明确规定验收测试通过的标准；
- 确定验收测试方法；
- 确定验收测试的组织和可利用的资源；
- 确定测试结果的分析方法；
- 制订验收测试计划并进行评审；
- 设计验收测试的测试用例；
- 审查验收测试的准备工作；
- 执行验收测试；
- 分析测试结果，决定是否通过验收。

验收测试应对软件产品做出负责任的、符合实际情况的客观评价。验收测试的结果关系着软件的命运。验收测试计划应为验收测试的设计、执行、监督、检查和分析提供全面而充分的说明，规定验收测试的责任者、管理方式、评审机构以及所用资源、进度安排、对测试数据的要求、所需的软件工具、人员培训及其他的特殊要求等。总之，在进行验收测试时，应尽可能去掉人为的模拟条件，去掉开发者的主观因素，使验收测试能够得到真实、客观的结论。

6. 代码扫描

代码扫描又称代码缺陷检测，是近十年出现的一种新型的软件测试技术，本书的第 4 章将详细介绍该技术。代码扫描可用于代码出现后的任一阶段，可以检测代码质量、软件运行时的错误、安全漏洞等。该技术是目前软件的主流测试技术之一，其特点是缺陷检测效率高、缺陷定位准确以及自动化程度高等。

1.4.2 软件测试过程模型

软件测试与软件开发过程紧密相关，不同的开发模型要求不同的测试过程。下面结合开发模型介绍几种软件测试过程模型。

1. V 模型

V 模型是软件测试过程中常见的一种模型，它反映了开发过程和测试过程的关系，在测试软件的过程中起着重要的作用，其目的是改进软件开发的效率和效果，是最具有代表意义的测试模型。V 模型是软件开发瀑布模型的变种，它不再把测试看作一个与开发同等重要的过程，反映了测试与分析、设计、编码的关系，结构如图 1-7 所示，图中左半部分描述了软件开发的基本过程，右半部分描述了与开发过程相对应的测试活动。

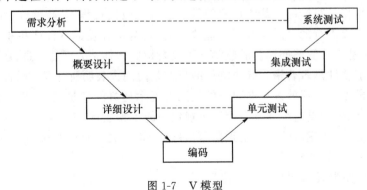

图 1-7 V 模型

　　V 模型的价值在于它非常明确地标明了测试过程中存在的不同级别,并且清楚地描述了这些测试阶段和开发过程各阶段的对应关系。V 模型中每一测试阶段的基础是对应开发阶段的文档,但测试与开发文档之间很少有完美的一对一关系,例如,需求分析的文档常不能为系统测试提供足够的信息,系统测试通常还需要概要设计甚至详细设计文档的部分内容。

2. W 模型

　　W 模型能解决 V 模型的一些问题,但仍有一些问题不能得到解决,其结构如图 1-8 所示。

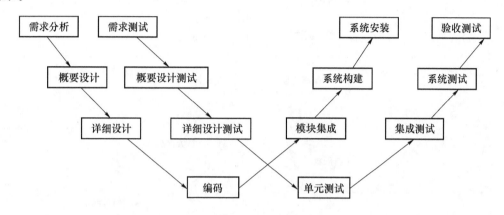

图 1-8　W 模型

　　W 模型左边的 V 是开发流程,右边的 V 是测试流程,每个开发过程对应一个测试过程。开发行为是对各种文档的定义或编写,相对应的测试行为则是对这些文档的静态检测。对比 V 模型,W 模型由于能同步进行,其可用性大大提高,解决了 V 模型中后期才能发现需求错误的问题。W 模型不像 V 模型需要等到程序出来才进行测试,只要等开发流程完成一个步骤,就可以对其产出进行测试。W 模型可以在前期发现需求错误,在测试过程中也有利于及时了解项目难度。但其也有局限性,在 W 模型中,开发、测试活动都保持着一种前后关系,只有上一阶段结束,才可以正式开始下一阶段的工作,因此无法支持迭代软件开发模型。

3. H 模型

　　H 模型将测试活动完全地独立出来,形成了一个完全独立的流程,将测试准备活动和测试执行活动清晰地体现出来,其结构如图 1-9 所示。

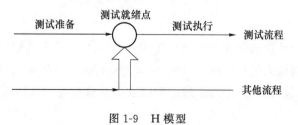

图 1-9　H 模型

　　图 1-9 仅演示了在整个生产周期中某个层次上的一次测试"微循环",图中标注的其他流程可以是任意的开发流程。在 H 模型中,软件测试是一个独立的流程,贯穿产品的整个

生命周期,与其他流程并发地进行。不同的测试活动可以是按照某个次序先后进行的,但也可能是反复的,只要某个测试达到测试就绪点,测试执行活动就可以开展。

4.X 模型

X 模型是对 V 模型和 W 模型的改进,如图 1-10 所示。

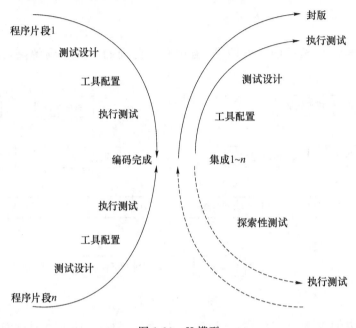

图 1-10　X 模型

X 模型的左边描述的是针对单独的程序片段所进行的相互分离的编码和测试,此后将进行频繁的交接,通过集成最终得到可执行的程序,然后再对这些可执行程序进行测试。已通过集成测试的成品可以进行封装并提交给用户,也可以作为更大规模和范围内集成的一部分。多根并行的曲线表示变更可以在各个部分发生。由图 1-10 可见,X 模型还定位了探索性测试,这是不进行事先计划的特殊类型的测试,这一方式往往能帮助有经验的测试人员在测试计划之外发现更多的软件错误,但这样可能造成人力、物力和财力的浪费,对测试人员的熟练程度要求比较高。

1.5　软件测试人员

目前有各种类型的自动化软件测试工具,但软件测试人员仍是测试工作的主体,大部分的测试工作仍需要测试人员来承担。因此,要取得良好的测试效果,软件测试从业人员需要具备各方面的素质,包括技术能力、心理素质以及职业道德等。具体来说,对软件测试人员一般有如下要求:

① 较强的技术能力。测试人员一方面要掌握测试领域的专业知识和技能,如黑盒测试、白盒测试、代码审查、静态分析以及代码走查等;另一方面还要熟悉软件开发技术,了解软件系统的背景和涉及的专业知识。

② 遵照执行领域内的相关标准和规定。国家对软件质量越来越重视,发布了一系列的相关标准和规定,各个测评机构也有各自的体系文件。这些标准和规定是测试工作的指导性文件,要求软件测试从业人员具有良好的标准解读能力,并严格按标准执行。

③ 团队合作与沟通能力。在软件测试过程中,存在各种各样的团队合作方式,有测试人员之间的相互合作、测试人员与开发人员之间的合作、测试人员与最终用户之间的合作等,因此测试人员要学会合作与沟通,只有相互之间协同合作,才能高效地完成测试工作。

④ 严格按规程操作。软件测试人员在进行系统测试的时候,有时要根据要求操作硬件设备,有些设备具有一定的安全性要求,有些则十分昂贵,如果误操作将造成财产损失。因此,测试人员在测试过程中要严格遵照测试流程和具体设备的操作规程,对于不确定的操作,要与开发方及时沟通。

⑤ 保护开发方的知识产权。软件测试人员在测试过程中会接触到开发方的技术资料和源代码,因此要具备良好的职业道德,尊重和保护开发方的知识产权,严防泄密和窃取开发方的技术。

⑥ 要有足够的耐心。软件测试是一项十分枯燥的工作,有时候同一个操作、同一个流程可能要走好多遍,如果没有耐心是很难胜任的。

第2章 软件缺陷

2.1 软件缺陷概述

2.1.1 软件缺陷的定义

缺陷本意指欠缺或不够完备的地方。软件缺陷(defect)又常常被称为 bug,即为破坏计算机软件或者程序正常运行能力的问题、错误或者目前还未知的功能缺陷。软件缺陷的存在会使得软件产品在很大程度上不能满足用户需求,引起系统的失效,进而影响用户体验。IEEE729—1983 对缺陷有着一个标准的定义:从产品内部来看,软件缺陷是软件开发维护过程中存在的各种各样的问题;从产品外部来看,软件缺陷是指系统所需要实现功能的缺失或者无效。以下几点都可以被定义为软件缺陷:

- 程序中存在逻辑不正确或者其他不正确的程序语句。
- 程序中存在拼写错误或者语法错误。
- 软件出现了与产品说明书不一致的功能表现。
- 软件没有实现产品说明书表明的功能。
- 软件运行时出错,包括运行中断、界面混乱、系统崩溃等。
- 软件功能超出了产品说明书的范围。
- 软件存在一些用户不能接受的问题,如存取时间过长、UI 美观性较差。
- 软件没有达到用户期望的目标。
- 测试人员认为软件的易用性和稳定性较差。

根据软件缺陷的定义,我们大致可以把软件缺陷分为以下几类:文档缺陷、设计缺陷、配置缺陷、代码缺陷、测试缺陷、过程缺陷。

文档缺陷:文档缺陷是指在文档静态检查过程中发现的缺陷,通过需求分析、文档审查可发现文档中的缺陷,文档缺陷包含术语不一致、文档丢失、编制错误等。

设计缺陷:设计缺陷是指在软件设计最初由于未将各种情况考虑清楚,软件产品在开发者开发设计过程、测试者测试过程和用户使用过程中存在一些潜在的缺陷。

配置缺陷:配置缺陷是指软件在实际开发运行环境中所依赖的软硬件设施方面存在不

兼容缺陷,其包含独立安装部署不成功、配置文件或初始化数据错误以及不同运行环境错误等。

代码缺陷:代码缺陷是指对代码进行评审、审计或者代码运行查错过程中发现的缺陷。

测试缺陷:测试缺陷是指在测试执行过程中所发现的被测对象(被测对象是指可运行的代码、系统)存在的缺陷,测试活动主要包含内部测试、系统集成测试、用户验收测试、连接测试。

过程缺陷:过程缺陷是指通过过程审计、管理评审、质量评估、过程分析、质量审核发现的关于过程的缺陷和问题。过程缺陷的发现者一般是测试经理、质量经理、管理人员等。

2.1.2　软件缺陷的产生原因

在软件开发过程中,软件缺陷的出现是不可避免的,那么造成软件缺陷的原因有哪些呢? 软件缺陷的产生主要是由软件产品的特点以及开发过程决定的,具体来说,从软件本身、技术问题、团队工作等一系列角度进行分析,我们就能基本了解软件缺陷的主要产生原因。

首先从软件本身考虑,可以分为以下几点。

① 用户需求分析出现问题,需求表述不清晰,导致软件的设计目标在一定程度上偏离用户的需求,进而引起软件功能或产品特征上产生缺陷。

② 软件系统结构非常复杂,想设计成一个很好的层次结构或组件结构又存在很大的难度,很容易产生令人意想不到的问题或出现系统维护、系统扩充上的困难;由于对象、类太多,即使设计成良好的面向对象的系统,要完成对各种对象、类相互作用的组合测试也会存在很大的困难,隐藏着诸多方面的问题,如参数传递问题、方法调用问题、对象状态变化较多等。

③ 程序逻辑路径或数据范围的边界考虑不够周全,设计时漏掉某些边界条件,很容易造成容量或边界错误。

④ 未能对一些实时应用进行精心设计和技术处理,时间同步的精确性较难保证,容易引起时间不协调、时间不一致所带来的问题。

⑤ 没有考虑当系统崩溃后系统数据的异地备份、系统的自我恢复以及灾难性恢复等问题,导致软件系统存在安全性、可靠性方面的隐患。

⑥ 系统运行环境复杂,用户要使用千变万化的计算机环境,包括用户使用的操作系统不同以及所输入操作的数据不同,这样很容易产生一些在特定用户环境下的问题。系统在实际应用中会产生数据量很大的情况,从而会引起强度或负载问题。

⑦ 系统实现过程中存在通信端口多、存取和加密手段的矛盾性等问题,很容易造成系统的安全性或适用性等方面的问题。

⑧ 没有考虑采用新技术可能涉及的技术或系统兼容问题。

其次从团队工作的角度分析,可能存在以下原因。

① 进行系统需求分析时因对用户的需求理解得不清楚,或者和用户的沟通存在一些困难,未能正确理解用户的需求。

② 不同阶段开发人员的理解不一致。例如,软件设计人员对需求分析的理解有偏差,

编程人员对系统设计规格说明书的部分内容不够重视或存在误解,使得软件开发工作存在许多问题。

③ 相关人员没有充分沟通,导致系统设计或编程上存在一些冲突或理解上存在一些偏差。

④ 项目组成员的技术水平参差不齐、新员工较多或培训不够等也容易引发问题。

再次就是技术上的问题,可能会遇到以下几点。

① 算法错误:在给定条件下没能给出正确或准确的结果。

② 语法错误:对于编译性语言程序,编译器可以发现这类问题;但对于解释性语言程序,只能在测试运行时发现。

③ 计算和精度问题:计算结果不满足所需要的精度。

④ 系统结构不合理、算法选择不科学,造成系统性能低下。

⑤ 接口参数传递不匹配,导致模块集成出现问题。

最后从项目管理的角度来探究问题,可以分为以下几点。

① 缺乏质量文化,不重视质量计划,对质量、资源、任务、成本等的平衡性把握不好,容易挤掉需求分析、评审、测试等需要的时间,遗留的缺陷会比较多。

② 在进行系统分析时对用户的需求不是十分清楚,或者和用户的沟通存在一些困难。

③ 开发周期短,需求分析、设计、编程、测试等各项工作不能完全按照定义好的流程进行,工作不够充分,结果也就不完整、不准确,错误较多。周期短还会给各类开发人员造成太大的压力,导致一些人为的错误。

④ 开发流程不够完善,存在太多的随机性和缺乏严谨的内审或评审机制,容易产生问题。

⑤ 文档不完善,风险估计不足等。

综上所述,软件缺陷的来源不外乎以下四个方面:

- 疏忽造成的错误(Carelessness Defect,CD);
- 不理解造成的错误(Misapprehend Defect,MD);
- 二义性造成的错误(Ambiguity Defect,AD);
- 遗漏造成的错误(Skip Defect,SD)。

MD、AD、SD 三类缺陷主要存在于软件开发工作的前期,如需求分析阶段、软件设计阶段、软件编码实现阶段,在第三方测试时一般不会产生这三类缺陷,原因可以归结为这三类缺陷的检测概率都比较大,一般是容易测试的。

疏忽造成的错误是必然的也是多种多样的,这种类型的错误不可预计也不可能估计,因为一个人很难控制自己不犯错,也很难知道自己会在何时何地犯错。

就编码而言,可能的疏忽包含以下几类。

① 显式约束造成的错误:设 N 是程序中的一个元素(一条语句或语句的一部分,或者是一大块语句的集合),同时在元素 N 执行前必须存在另一个动作 M,则称为显式约束,如果 M 不存在或者 M 不是 N 所要求的,这种情况下都可以视为错误。例如:存储器泄露故障(在某个路径上忘记了释放内存)、资源泄露错误(在某个路径上忘记了释放资源)。

② 隐式约束造成的错误:设 N 是程序中的一个元素(一条语句或语句的一部分,或者是一大块语句的集合),根据程序的语义,N 必须满足某些约束,否则就是错误。例如:非法

计算类错误、空指针使用错误、数组越界错误、指针指向使用错误等。

③ 从结果上看,软件缺陷可能来自软件工程设计实现的各个阶段,包括需求分析阶段缺陷、概要设计阶段缺陷、详细设计阶段缺陷、编码实现阶段缺陷、软件功能测试阶段缺陷、软件维护阶段缺陷。各个阶段产生缺陷的占比如图 2-1 所示。

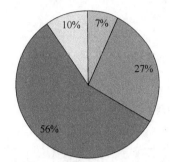

图 2-1　各个阶段产生缺陷的占比

2.1.3　软件缺陷的分析

软件缺陷是影响软件质量的关键性因素之一,发现和排除软件缺陷是软件生命周期中重要的一项工作。每个软件组织必须知道并妥善处理软件缺陷,因为这关系着软件组织的发展。

1. 软件缺陷的成本分析

发现并排除软件缺陷往往成本极高。美国国防部的数据显示,在 IT 行业开销中,大约 42% 的资金成本用在了与软件缺陷相关的工作上。目前在美国,软件测试的成本占软件开发总成本的 53%~87%,因此对软件缺陷及其相关问题的研究具备很明显的经济效益。

软件工程师一般会引入大量的软件缺陷。统计表示,有经验的软件工程师的缺陷引入率为 50~250 个缺陷/KLOC,平均缺陷引入率在 100 个缺陷/KLOC 以上。即使软件工程师对软件缺陷管理了如指掌,他的平均缺陷引入率也在 50 个缺陷/KLOC 以上。

目前一般的软件组织生产的软件缺陷密度为 4~40 个缺陷/KLOC,高水平的软件组织所生产的软件可以将软件缺陷密度降到 2~4 个缺陷/KLOC,NASA 的软件缺陷密度甚至可以降到 0.1 个缺陷/KLOC。

开发低密度软件缺陷的软件往往需要较高的成本。在 20 世纪 90 年代,NASA 的软件成本达到了 1 000 美元/行代码。

影响软件缺陷数目的因素有很多,甚至在软件开发生命周期的不同阶段影响因素也不同。从宏观上看,主要包含管理水平、技术水平、测试水平等。从微观上看,包含软件规则、软件功能的复杂度、软件类型、测试工具、测试的自动化程度、测试支撑环境、开发成本等。

2. 软件缺陷的生命周期

软件缺陷的生命周期可以简单地表现为:打开(open)—修正(fixed 或 solved)—关闭(close)。具体描述如图 2-2 所示。

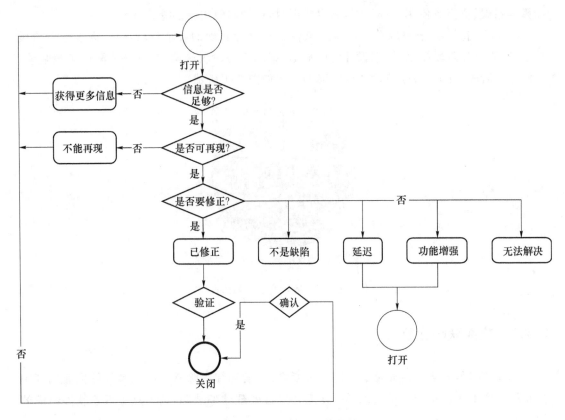

图 2-2　软件缺陷的生命周期

软件缺陷状态的描述如下。

①　打开/激活：缺陷的起始状态或重新打开的状态。问题存在或依旧没有得到解决，等待修正，如新报告的缺陷、补充完整信息后再打开。

②　已修正：已经被开发人员检查、修复过缺陷，通过单元测试，开发人员认为已经解决但还待测试人员验证。

③　关闭/非激活：测试人员验证后，确认缺陷不存在的状态。

④　无法解决：由于技术原因或者第三方软件的缺陷，开发人员目前不能解决缺陷。

⑤　延迟：这个缺陷不严重，被推迟修正，可以在下一个版本中解决。

⑥　功能增强：该问题符合当前的设计规格说明书，但有一个待改进问题。

⑦　不是缺陷：开发人员认为不是问题，属于测试人员的误报缺陷。

⑧　不能再现：开发人员不能复现这个软件缺陷，需要测试人员检查缺陷复现步骤。

⑨　获得更多信息：开发人员不能复现这个软件缺陷，但开发人员需要一些信息，如缺陷的日志文件、图片等。

3．缺陷分析的常用原则

（1）20/80 原则

管理学大师彼得杜克说过：做事情必须分清轻重缓急。最槽糕的是什么事情都做，这必将一事无成。而意大利经济学家帕累托则更明确地提出：重要的少数与琐碎的多数称20/80的定律。80％的有效工作往往是在 20％的时间内完成的，而 20％的工作是在 80％的时间内完成的。因此,为了提高测试质量,测试人员必须清晰地认识到哪些软件缺陷是最重要的。

（2）ABC 法则

古人云:事有先后,用有缓急。测试工作其实也是如此,分清软件缺陷的轻重缓急,不但在处理软件缺陷时能做到井井有条,完成后的效果也不同凡响。因此,我们在测试工作中要时时记住一点,靠前的软件缺陷并不一定具有优先处理的重要性。只有正确地进行判断,才可将测试活动的效率提高数倍。

ABC 法则是设定软件缺陷优先顺序的重要工具之一。ABC 工具的关键点在于根据软件缺陷的重要程度决定优先顺序,按需求目标进行量化规划。把 A 类软件缺陷作为测试中最重要的、最有价值的缺陷,并保证首先处理 A 类软件缺陷,其次是 B 类软件缺陷,再次是 C 类软件缺陷,最后是其他软件缺陷,一些不紧急、不重要的软件缺陷根本没有必要去做。

（3）四象限原则

在处理测试软件缺陷时,常会遇到千头万绪、问题繁多的情况,有些测试人员会被测试出来的众多软件缺陷压垮,有些测试人员则会高效完成,根本原因在于对软件缺陷的分类是否合理。

那么,我们该如何对软件缺陷进行合理的分类呢?其实很简单,在一张坐标纸上,先划分好四个象限,然后只需记住四个字即可,那就是"轻重缓急"。"轻"指的是相对重要但不紧急的软件缺陷;"重"是指最重要也最紧急的软件缺陷;"缓"指的是不重要也不紧急的软件缺陷;"急"则是指不是最重要但却最为紧急的软件缺陷。理清这种关系之后,就算同时测试许多不同类型的软件缺陷,也会很快地清楚哪些软件缺陷是必须马上完成的,哪些缺陷是可以暂时缓一缓的,这样也就不会被堆积如山的软件缺陷压垮,测试效率自然会得到很大的提高。

2.1.4　软件缺陷的分类

1. 软件缺陷的属性

如表 2-1 所示,软件缺陷的属性包含标识、严重程度、优先级、类型、状态等。

表 2-1　软件缺陷的属性

序号	属性名称	说明
1	标识（identify）	标记某个缺陷的唯一标识,可以是数字、字母以及二者的组合
2	描述（description）	对缺陷进行详细的描述,让使用者对缺陷有大致的了解
3	严重程度（severity）	描述缺陷的存在对软件产品产生的影响程度
4	优先级（priority）	指定缺陷的优先级,以表明缺陷必须被修复的紧张程度
5	类型（type）	缺陷的分类定义
6	状态（state）	缺陷的修复工作进展状况

2. 软件缺陷的严重程度

软件缺陷的严重程度是指软件缺陷的发生对软件项目的质量产生破坏的严重程度,即此软件缺陷的存在将对软件功能和性能产生怎样的影响。

在软件测试中,软件缺陷严重程度的判断应该从软件最终用户的角度出发,即判断缺陷的严重程度时要为用户考虑,考虑缺陷对用户的使用造成恶劣后果的严重性。

软件缺陷的严重程度可以分为 6 个等级,如表 2-2 所示。

表 2-2　软件缺陷的严重程度

严重级别	对应缺陷的严重等级	描述
致命(fatal)	致命缺陷	系统全部主要功能丧失,用户数据受到破坏,系统崩溃、悬挂、死机或者危及人身安全
严重(critical)	严重缺陷	系统部分功能丧失,数据无法保存,系统的二级及以下功能完全丧失,系统所提供的功能服务受到明显的影响,不能正常完成工作或者实现主要的功能,例如: ① 可能有灾难性后果,如造成系统崩溃,造成事故等; ② 死循环; ③ 数据库发生死锁; ④ 功能错误; ⑤ 与数据库连接错误; ⑥ 数据通信错误; ⑦ 因操作错误导致的程序中断; ⑧ 数据库错误,如数据丢失等
重要(major)	较大缺陷	产生错误的结果,导致系统不稳定,运行时好时坏,严重影响系统要求或者基本功能的实现,例如: ① 造成数据库不稳定的错误; ② 在说明中的需求未在最终系统中实现; ③ 程序无法运行,系统意外退出; ④ 程序接口错误; ⑤ 数据库的表、业务规则、缺省值未加完整性等约束条件; ⑥ 业务流程不正确
一般(minor)	一般缺陷	系统的次要功能未能实现,但是不影响用户的正常使用,不会影响系统的稳定性,例如: ① 提示信息不太准确或用户界面差、操作时间长等一系列问题; ② 过程调用或者其他脚本出现错误; ③ 系统刷新错误; ④ 产生错误的结果,如计算错误、数据不一致等问题; ⑤ 功能实现有问题,如在系统实现的一些界面上,一些可接受输入的控件在输入数据并执行点击事件后无响应,对数据库的操作无法正确实现; ⑥ 数据库中存在过多的空字段; ⑦ 简单的输入限制未放在前台进行控制; ⑧ 打印内容、格式错误; ⑨ 编码时数据类型、数据长度定义错误; ⑩ 虽然系统的正确性功能不受影响,但是系统的性能和响应时间受影响

严重级别	对应缺陷的 严重等级	描述
较小(slight)	轻微缺陷	使系统操作者感到不方便或遇到麻烦,但是不影响功能操作和执行,如个别不影响产品理解的错别字、文字排列不整齐等问题,重点指明系统的 UI 等问题,例如: ① 系统的提示语不正确,过于冗杂; ② 滚动条无效; ③ 叮编辑区域和不可编辑区域不明显; ④ 光标跳转设置不好,鼠标定位错误; ⑤ 上下翻页、首页定位错误; ⑥ 界面不一致或者界面不正确; ⑦ 日期或者时间初始值错误; ⑧ 输入输出不规范; ⑨ 提示窗口未采用行业术语; ⑩ 出现错别字、标点符号错误、拼写错误以及不正确的大小写
有待改进 (enhancement)	其他缺陷	系统值得改良的问题,例如: ① 容易给用户错误和歧义的提示; ② 界面需要改进,如某个控件没有对齐; ③ 对有疑虑的部分,提出改进建议

3. 软件缺陷的优先级

软件缺陷的优先级是表示处理和修正软件缺陷的先后顺序的指标,即表示哪些缺陷需要优先修正,哪些缺陷可以稍后修正。表 2-3 给出了软件缺陷的优先级。

表 2-3　软件缺陷的优先级

序号	缺陷的优先级	描述
1	立即解决(resolve immediately)	缺陷导致系统几乎不能使用或测试不能继续,需要立即修复
2	高优先级(high priority)	缺陷严重,影响测试,需要优先考虑
3	正常排队(normal queue)	缺陷需要正常排队等待修复
4	低优先级(low priority)	缺陷可以在开发人员有时间时再予以修复

一般来说,软件缺陷的严重程度越高,优先级就越高。但是严重程度和优先级并不总是一一对应的。有时候严重程度高的软件缺陷优先级不一定高,甚至不需要处理,而一些严重程度低的缺陷却需要及时处理,有着较高的优先级。

软件缺陷的修正并不是一个纯技术问题,有时需要综合考虑市场发布和质量风险等问题。例如,如果某个严重的软件缺陷只在非常极端的条件下产生,则不需要非常快速地解决。另外,如果修正一个软件缺陷需要重新修改软件的整体框架,则可能会产生更多的潜在缺陷,但是迫于市场的压力软件必须尽快发布,此时即使软件缺陷的严重程度很高,是否修正也需要全盘考虑。

4. 软件缺陷的类型

软件缺陷的类型可根据缺陷的自然属性来划分,具体如表 2-4 所示。

表 2-4　软件缺陷的类型

编号	缺陷的类型	描述	子类型	
			编号	名称
01	功能问题 （F-Function）	影响了重要的特性、用户界面、产品接口、硬件结构接口和全局数据结构，并且设计文档需要正式的变更；如指针循环、递归、功能等缺陷	0101	功能错误
			0102	功能缺失
			0103	功能超越
			0104	设计的二义性
			0105	算法错误
02	接口问题 （I-Interface）	与其他组件、模块或设备驱动程序、调动参数、控制块或参数列表相互影响的缺陷	0201	模块间接口
			0202	模块内接口
			0203	公共数据使用
03	逻辑问题 （L-Logic）	需要进行逻辑分析，进行代码修改，如修改循环条件等	0301	分支不正确
			0302	重复的逻辑
			0303	忽略极端条件
			0304	不必要的功能
			0305	误解
			0306	条件测试错误
			0307	循环不正确
			0308	错误的变量检查
			0309	计算顺序错误
			0310	逻辑顺序错误
04	计算问题 （C-Computation）	等式、符号、操作符或操作数错误，精度不够、不适当的数据验证等缺陷	0401	等式错误
			0402	缺少运算符
			0403	错误的操作数
			0404	括号用法不正确
			0405	精度不够
			0406	舍入错误
			0407	符号错误
05	数据问题 （A-Assignment）	需要修改少量的代码，如初始化控制块，包括生命、重复命名、范围、限定等缺陷	0501	初始化错误
			0502	存取错误
			0503	引用错误变量
			0504	数组应用越界
			0505	不一致的子程序参数
			0506	数据单位不正确
			0507	数据维数不正确
			0508	变量类型不正确
			0509	数据范围不正确
			0510	操作符数据错误

编号	缺陷的类型	描述	子类型	
			编号	名称
05	数据问题 （A-Assignment）	需要修改少量的代码,如初始化控制块,包括生命、重复命名、范围、限定等缺陷	0511	变量定位错误
			0512	数据覆盖
			0513	外部数据错误
			0514	输山数据错误
			0515	输入数据错误
			0516	数据检验错误
06	用户界面问题 （U-User interface）	人机交互特性:屏幕格式、确认用户输入、功能特性、页面排版等方面的缺陷	0601	界面风格不统一
			0602	屏幕上的信息不可用
			0603	屏幕上的信息错误
			0604	功能操作布局不合常规
07	文档问题 （D-Documentation）	影响发布和维护,包括注释等缺陷	0701	描述含糊
			0702	项描述不完整
			0703	项描述不正确
			0704	项缺少或多余
			0705	项不能验证
			0706	项不能完成
			0707	不符合标准
			0708	与需求不一致
			0709	文字排版错误
			0710	文档信息错误
			0711	主要内容缺陷
08	性能问题（P-Performance）	不满足系统可测量的属性值,如执行时间、事务处理速率等缺陷		
09	配置问题 （B-Build、package、merge）	由配置库变更管理或者版本控制引起的错误	0901	配置管理问题
			0902	编译打包缺陷
			0903	变更缺陷
			0904	纠错缺陷
10	标准问题 （N-Norms）	不符合各种标准的要求,如编码标准、设计符号等缺陷	1001	不符合编码标准
			1002	不符合软件标准
			1003	不符合行业标准
11	环境问题 （E-Environments）	由设计、编译和运行环境引起的问题	1101	设计、编译环境
			1102	运行环境
12	兼容问题	软件之间不能正确交互或者共享信息	1201	操作平台不兼容
			1202	浏览器不兼容
			1203	分辨率不兼容
13	其他问题（O-Others）	以上问题所不包含的问题		

5．软件缺陷的状态

软件缺陷的状态是指缺陷通过一个跟踪修复过程的进展状况，表 2-5 列举了软件缺陷的状态。

表 2-5　软件缺陷的状态

序号	缺陷的状态	描述
1	提交（submitted）	测试人员将新的错误提交到库
2	激活或打开（active or open）	问题还没有解决，存在于源代码中，确认"提交的缺陷"等待处理
3	拒绝（rejected）	拒绝，"提交的缺陷"不需要修复或不是缺陷，或缺陷已经被其他的软件测试人员发现
4	已修正或修复（fixed or resolved）	缺陷已经被开发人员检查、修复过，通过单元测试，开发人员认为缺陷已解决但还没有被测试人员验证
5	验证（verify）	缺陷验证通过
6	关闭或者非激活（close or inactive）	测试人员验证后，确认缺陷不存在之后的状态
7	重新打开（reopen）	测试人员验证后，依然存在缺陷，等待开发人员进一步修复
8	推迟（deferred）	这个缺陷计划在下个版本中解决
9	保留（on hold）	由于技术原因或者第三方软件的缺陷，开发人员暂时不能修复这个缺陷
10	不能重现（cannot duplicate）	开发时不能重现这个缺陷，需要测试人员检查缺陷

2.1.5　软件缺陷的数目估计

软件缺陷的数目是评价软件可靠性和整体质量的一个重要参数。残留软件缺陷的数目和很多因素有关，如软件的规模、软件研制人员的水平、质量管理水平、语言类型、开发环境和测试时间。本节将从几个不同的方面讨论如何估计残留软件缺陷的数目。

1．撒种模型

这是一种通过已知缺陷来估计程序中潜在的、未知的缺陷数目的模型。其原理类似于估计一个大箱子里面存放乒乓球的数目。假设一个大箱子里有 N 个白色的乒乓球，由于数目庞大，要一个个地数出来具有很大的难度，而且较为浪费时间，人们可以采用一种估计的办法，即向箱子里放入 M 个黑色的乒乓球，并将箱中的球搅拌均匀，然后从箱子中随机地取出足够多的球，假设其中有 n 个白色的乒乓球，m 个黑色的乒乓球，则可以根据式（2-2）估计 N，即

$$\frac{N}{N+M}=\frac{n}{n+m} \qquad \text{式（2-1）}$$

则：

$$N=\frac{n}{m}\cdot M \qquad \text{式（2-2）}$$

这种估计方式是比较准确的,特别是当 N 比较大时,这是一个有效的方法。Mills 首先将这种技术用于软件缺陷数目的估计,其基本原理是:人工随机地向待估算的软件置入缺陷;然后进行测试,等到测试了足够长的时间后,对所测试到的缺陷进行分类,观察哪些是人工置入的缺陷,哪些是程序中固有的缺陷;最后,根据上述公式即可估算出程序中缺陷的数目。

但用这种方法估计程序缺陷数目的准确性是无法和估计乒乓球数目的准确性相比的,其原因有以下几点:

① 程序中固有的缺陷是未知的,每个缺陷被检测到的难易程度也是未知的;

② 人工置入的缺陷和程序中存在的缺陷检测的难易程度是否一致也是未知的。

因此用上述方法来估计程序中的残留缺陷数目的有效性是值得怀疑的。

为克服上述模型存在的缺陷,Hyman 提出了另外一种模型,其基本思想是:假设软件总的排错时间是 A 个月,也就是说,假设经过 A 个月的排错,程序中将不再存在错误。让两个人共同对程序进行排错,假设经过足够长(A 的一半或更少)的排错时间后,第一个人发现了 n 个错误,第二个人发现了 m 个错误,其中两个人共同发现的错误有 m_1 个,则有

$$\frac{N}{n}=\frac{m}{m_1} \qquad\qquad 式(2\text{-}3)$$

即

$$N=\frac{m}{m_1} \cdot n \qquad\qquad 式(2\text{-}4)$$

式(2-4)和式(2-2)相比显然更精确,因为两个人所排除的故障都是真实的,在组织良好的前提下,该公式是可以使用的。但问题是,由于两个人的水平不一,实际难以实现准确的估计。

总体来说,由于软件缺陷的复杂性,靠简单的撒种模型明显是不行的,但是其所估计的数值可以作为参考。

2. 静态模型

根据软件的规模和复杂性进行估计是人们很容易想到的一种方法,传统上人们普遍的想法是:软件越大、越复杂,其残留缺陷数目也就越多。根据这个思想,人们从不同的理论与实践方面出发,提出了许多模型。

(1) Akiyama 模型

$$N=4.86+0.018L \qquad\qquad 式(2\text{-}5)$$

其中:N 是缺陷数;L 是可执行的源语句数目。

基本的估计是 1 KLOC 有 23 个缺陷。这是早期的研究成果。该模型可能对某个人或某类专门的程序是有效的,该模型的提出是一种实践上的统计结果。该模型过于简单,实际价值不大。

(2) 谓词模型

$$N=C+J \qquad\qquad 式(2\text{-}6)$$

其中:C 是谓词数目;J 是子程序数目。

(3) Halstead 模型

$$N=V/3\,000 \qquad\qquad 式(2\text{-}7)$$

其中:$V = x\ln y$,$x = x_1 + x_2$,$y = y_1 + y_2$。

x_1:程序中使用操作符的总次数。

x_2:程序中使用操作数的总次数。

y_1:程序中使用操作符的种类。

y_2:程序中使用操作数的种类。

根据 Halstead 的理论,V 是程序的体积,即程序占内存的比特数,该模型认为,平均每 3 000 比特就有一个错误。该模型和 Akiyama 模型有些类似,也完全是大量程序的统计结果,但难以说清楚哪一个更好。

(4) Lipow 模型

$$N = L[A_0 + A_1 \ln L + A_2 \ln (2L)] \qquad \text{式}(2\text{-}8)$$

Fortran 语言:$A_0 = 0.004\ 7$,$A_1 = 0.023$,$A_2 = 0.000\ 043$。

汇编语言:$A_0 = 0.001\ 2$,$A_1 = 0.000\ 1$,$A_2 = 0.000\ 002$。

显然,这也是一个统计结果。不同的是,该模型区分了高级语言和低级语言。

(5) Gaffnev 模型

$$N = 4.2 + \sqrt[4/3]{0.001\ 5L} \qquad \text{式}(2\text{-}9)$$

解此方程可推断出一个模块的最佳尺寸是 877 LOC。

(6) Compton and Withrow 模型

$$N = 0.069 + 0.001\ 56L + 0.000\ 000\ 47L_2 \qquad \text{式}(2\text{-}10)$$

由该方程可推断出一个模块的最佳尺寸是 83 LOC。

总体来看,根据软件的规模和复杂性计算软件缺陷的数目是静态观察统计的结果,其可能对某个人、某个软件开发组织、某类软件是有效的,但一般而言,并不具备通用性,其内在规律有待进一步验证。上述给出的几种典型的公式仅供参考。

2.1.6 软件缺陷的分布

软件缺陷的分布以软件缺陷的暴露率 λ 为对象,研究 λ 取不同值时软件缺陷的分布情况,该研究对于合理分配软件测试资源、提高软件测试的效率具有极其重要的意义。

软件缺陷目前有很多分布方法,典型的如指数分布、对数分布、Weibull 分布、Γ 分布等,Mullen 的研究表明,对数正态分布更为准确,更符合实际。

假设软件的缺陷在程序块内;$B_1, B_2, \cdots, B_m$ 是程序的 m 个块,$b_1, b_2, \cdots, b_n$ 是程序的 n 个分支,每个分支被执行的概率是服从正态分布的,每个块的执行概率可以表示为式(2-11)所示:

$$P(B_i) = \prod_{j=1}^{N} p(b_{ij}) \qquad \text{式}(2\text{-}11)$$

由于 $p(b_{ij})$ 服从正态分布,根据中心极限定理,$P(B_i)$ 服从对数正态分布。

缺陷失效率的对数正态分布可以表示为式(2-12)所示:

$$\rho(\lambda) = \frac{N}{\lambda \sigma \sqrt{2\pi}} e^{-\frac{(\ln \lambda - \mu)^2}{2\sigma^2}} \qquad \text{式}(2\text{-}12)$$

式中,λ 是变量,μ 是 λ 的对数平均值,σ^2 是 λ 的对数方差,λ 的平均值是 $\exp(\mu)$。

根据 $\rho(\lambda)$，对 N 个缺陷总的失效率 θ，有式(2-13)：

$$\theta = N \int_0^\infty \frac{1}{\lambda\sigma\sqrt{2\pi}} \exp\left[-\frac{(\ln\lambda-\mu)^2}{2\sigma^2}\right] d\lambda \qquad 式(2-13)$$

$$\theta = N\exp\left(\mu+\frac{\sigma^2}{2}\right) \qquad 式(2-14)$$

$$\bar{\theta}(t) = N \int_0^\infty \frac{1}{\lambda\sigma\sqrt{2\pi}} \exp\left[-\frac{(\ln\lambda-\mu)^2}{2\sigma^2}\right] e^{-\lambda t} d\lambda \qquad 式(2-15)$$

$$\bar{\theta}(t) \leqslant \frac{N}{\sqrt{2\pi}\sigma t} \qquad 式(2-16)$$

2.1.7 软件缺陷的效率分析

1. 软件测试的检测效率分析

软件的开发过程可以分为需求分析、概要设计、详细设计、编码、测试和维护六个阶段，由于软件缺陷可能存在于每个阶段，有不同的软件测试方法，每种测试方法检测缺陷的能力是不同的，表 2-6 列举了几种软件测试方法的测试能力。

表 2-6 几种软件测试方法的测试能力

软件测试方法	测试能力
非形式化的设计检查	25%～40%
形式化的设计检查	45%～65%
非形式化的代码检查	20%～35%
形式化的代码检查	45%～70%
单元测试	15%～50%
新功能测试	20%～35%
回归测试	15%～30%
集成测试	25%～40%
系统测试	25%～55%
低强度的 β 测试(<10 客户)	20%～40%
高强度的 β 测试(>1 000 客户)	60%～85%

2. 影响软件测试效率的因素

影响软件测试效率的因素可以分为人为因素、软件类型、缺陷类型等。

（1）人为因素

在缺少自动化程度高的测试工具的前提下，测试工作很多都是人为完成的。不同水平的测试人员在发现软件错误的数目和测试效率上存在明显的差异，因此人的效率是影响测试效率的重要因素。Basili 和 Selby 的实验数据清楚地揭示了人为因素的作用。表 2-7 揭示了不同水平的测试人员在发现软件错误的数目和测试效率方面的差异。表 2-7 中阶段 1、

2、3 分别对应单元测试、集成测试、系统测试。

表 2-7　人为因素对测试效率的影响

| 阶段 | 测试者水平 | | | | | |
| | 初级 | | 中级 | | 高级 | |
	平均值	标准差	平均值	标准差	平均值	标准差
发现软件错误的数目
1	3.88	1.89	4.07	1.69		
2	3.04	2.07	3.83	1.64		
3	3.90	1.83	4.18	1.99	5.00	1.53
测试效率
1	1.36	0.97	2.22	1.66		
2	1.00	0.85	0.96	0.74		
3	2.14	2.48	2.53	2.48	2.36	1.61

（2）软件类型

软件类型也是影响测试效率的一个重要因素。表 2-8 是 Basili 和 Selby 的实验数据，$P_1 \sim P_4$ 代表着 4 个不同的程序。

表 2-8　软件类型对测试效率的影响

| 阶段 | 程序 | | | | | | | |
| | P_1 | | P_2 | | P_3 | | P_4 | |
	平均值	标准差	平均值	标准差	平均值	标准差	平均值	标准差
发现软件错误的数目
1	4.07	1.62	3.48	1.45	4.28	2.25		
2	3.23	2.20	3.31	1.97			3.31	1.84
3	4.19	1.73			5.22	1.75	3.41	1.66
测试效率
1	1.60	1.39	1.19	0.83	2.09	1.42		
2	0.98	0.67	0.71	0.71			1.05	1.04
3	2.15	1.10			3.70	3.26	1.14	0.79

（3）缺陷类型

各种不同的测试方法检测不同类型错误（缺陷）的能力也是不同的。错误的分类目前有许多方法，前文已经给出了比较详细的分类方法，为了便于分析，下面采用一种比较简单的分类方法。

① 初始化错误：初始化代码中的错误。

② 控制错误：控制转移的条件或者转移地址错误。

③ 数据错误：包括程序中的常量、数据库中的数据错误。

④ 计算错误：代码中与计算相关的部分发生的错误。

⑤ 集成错误：各个模块之间、软件与环境之间发生的错误。

⑥ 容貌错误：人机界面、打印格式的错误。

2.2 软件缺陷管理

2.2.1 软件缺陷管理的概念

世间万物都有着自己的生命历程,任何产品在生产过程中就会逐渐产生缺陷,并且数量可能会越来越多,若在产品生命周期中不建立缺陷检测制度,对已发现的缺陷不采取有效的控制措施,则最终可能导致产品无法具有相应的使用功能,产品生命周期就会提前结束,如此,产品的生产是失败的。因此,必须建立一套完整的产品缺陷管理制度,针对具体产品的生产特征制定相应的缺陷检测、缺陷签订、缺陷处理、缺陷验收等一系列技术措施,不断避免或纠正产品缺陷,使产品在其生命周期中处于可控状态。

2.2.2 软件缺陷管理的目标

软件缺陷会导致软件运行时产生不希望或不可接受的外部行为结果,软件测试的过程简单来说就是围绕缺陷进行的,对软件缺陷的管理一般要达到以下目标。

① 确保每个被发现的缺陷都能得到解决,缩短沟通时间,解决问题更加高效。

② 收集缺陷数据并根据缺陷趋势曲线识别测试过程的阶段。确定测试过程是否结束有很多种方式,通过缺陷趋势曲线来确定测试过程是否结束是常用且有效的一种方式。

③ 收集缺陷数据然后在此基础上进行数据分析。在对软件缺陷进行管理时,必须先对软件缺陷数据进行收集,这样才能了解这些缺陷,并且找出预防和修复的方法。

④ 保证信息的唯一性。

2.2.3 软件缺陷管理的过程

(1)缺陷的检测

测试人员在产品的生产加工过程中,按照本行业的质量要求及检测手段随时对产品的全部或某项设计功能进行检查,如果不能达到设计要求(可能测试结果在某一范围内可认为是合格的),则认定这一环节存在缺陷,缺陷生命周期开始。

(2)缺陷的签订

由于测试人员不能确定缺陷的全部相关信息,这时就应该组织缺陷的签订,通过采用专家评审、使用先进技术手段或设备等得到缺陷的全部信息,为缺陷处理提供原始数据。

(3)缺陷的处理

生产人员从测试人员处得到缺陷信息后,应根据缺陷所列内容并结合产品的生产过程,检查缺陷可能出现在哪一个环节,确认应该如何改正,避免类似的缺陷再度出现,明确已出现测试人员提出的缺陷的产品可否采用一定的方法进行纠正,并落实这些处理措施到生产过程中。

（4）缺陷的验收

生产人员将测试人员提交的缺陷处理完毕后,反馈信息给测试人员,报告缺陷的处理情况,并请缺陷复测。测试人员根据以前的缺陷记录信息,对该缺陷再进行一次测试,如果测试结果在设计偏差范围内,则可认为该缺陷处理完毕,同时删除本产品的相应缺陷记录,该项缺陷的生命周期到此结束。若测试结果还不在设计偏差范围内,则将当前检测的信息形成新的缺陷记录,并将其提供给生产人员要求处理。

国内外著名 IT 公司针对缺陷管理流程的研究发现,软件缺陷管理的一般流程如图 2-3 所示。

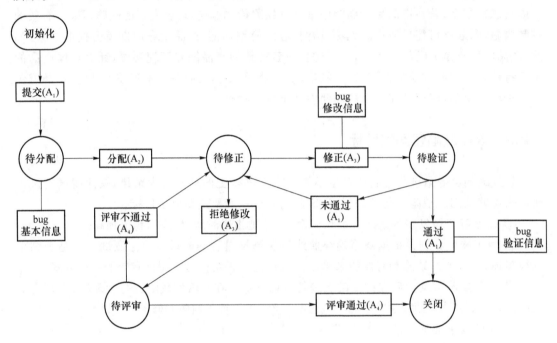

图 2-3　软件缺陷管理的一般流程

（1）软件缺陷管理中的角色

① 测试人员 A_1:进行测试的人员,是缺陷的发现者。

② 项目经理 A_2:对整个项目、产品质量负责的人员。

③ 开发人员 A_3:执行开发任务的人员,完成实际的设计和编码以及对缺陷的修复工作。

④ 评审委员会 A_4:对缺陷进行最终确认,在项目成员对缺陷不能达成一致意见时,行使仲裁权力。

（2）软件缺陷管理中的缺陷状态

① 初始化:缺陷的初始状态。

② 待分配:缺陷等待被分配给相关开发人员处理。

③ 待修正:缺陷等待开发人员修正。

④ 待验证:开发人员完成修正,等待测试人员验证。

⑤ 待评审:开发人员拒绝修改缺陷,需要评审委员会评审。

⑥ 关闭:缺陷已被处理完成。

（3）软件缺陷管理过程描述

① 测试小组发现新的缺陷，并记录缺陷，此时缺陷的状态为"初始化"。

② 测试小组向项目经理提交新发现的缺陷（包括缺陷的基本信息），此时缺陷的状态为"待分配"。

③ 项目经理接收到缺陷报告后，根据缺陷的详细信息制定处理方案，此时缺陷的状态为"待修正"。

④ 缺陷报告被分配给相应的开发人员，开发人员对缺陷进行修复，并填写缺陷的修改信息，然后等待测试人员对修复后的缺陷再一次进行验证，此时缺陷的状态为"待验证"。

⑤ 测试人员验证后，发现缺陷未被修复，则将其重新交给原负责修复的开发人员，此时缺陷的状态为"待修正"。

⑥ 测试人员验证后，认为缺陷已被修复，则填写缺陷验证信息，缺陷修复完成，此时缺陷的状态为"关闭"。

⑦ 若测试人员验证缺陷未被修复，但是开发人员认为已修复完成，拒绝再次修复，则将缺陷报告提交给评审委员会，等待评审委员会的评审，此时缺陷的状态为"待评审"。

⑧ 若评审委员会评审不通过，即软件缺陷未被修复，则开发人员需继续修复，此时缺陷的状态为"待修正"。

⑨ 若评审委员会评审通过，即软件缺陷已被修复，此时缺陷的状态为"关闭"。

（4）软件缺陷管理流程的注意事项

在整个缺陷管理流程中，为了保证发现真正的错误，需要有丰富测试经验的测试人员验证和确认发现的缺陷是否为真正的缺陷，发现缺陷的缘由，以及确认测试步骤是否准确、简洁、可以重复等。对于缺陷的处理都要保留处理信息，包括处理者姓名、处理时间、处理方法、处理步骤、错误状态、处理注释等。不能由程序员单方面决定拒绝修复缺陷，应该由项目经理、测试经理和设计经理组成的评审委员会决定。修复后的缺陷必须由报告缺陷的测试人员验证，经过确认才能关闭缺陷。另外，在缺陷管理流程中，还应注意以下几点：

① 测试小组在提交事务时，应详细地将问题描述出来，便于项目经理进行处理。

② 项目经理在确定处理方案时，如对测试小组提出的事务有疑问，应及时与测试小组人员沟通，以保证能够完全理解测试小组提出的事务，确定正确的处理方案。同样，缺陷修复人员在处理事务时，如对测试小组提出的事务有疑问，也应及时与测试小组人员沟通，以保证准确处理测试小组提交的缺陷。

③ 修复人员在解决缺陷时，应将发现的原因、解决的途径和方法详细地描述出来，以便日后的查阅。

④ 测试小组成员应定期整理和归类测试的 bug，并写成测试报告，向项目经理、技术总监报告测试结果。

2.2.4　软件缺陷管理的工具

软件缺陷管理的工具主要用于集中管理软件测试过程中发现的错误，是添加、修改、排序、查询、存储软件测试错误的数据库程序。

缺陷管理工具的使用使得跟踪和监控错误的处理过程和方法更加容易，一方面可以方便检查处理方法是否正确,另一方面可以确定处理者的姓名和处理时间。

另外,缺陷管理工具的使用为集中管理提供了支持条件,大大提高了管理效率,同时使得整个缺陷管理的安全性提高,通过权限设置,具有不同权限的用户执行不同的操作,可以保证适当的人员进行适当的处理。当然,最重要的还是缺陷管理工具具有方便存储的特点,便于项目结束后的缺陷管理活动历史过程的存档,可以随时存储。

下面介绍几款比较流行的缺陷管理工具。

1．TrackRecord(商用)

TrackRecord 作为 Compuware 项目管理软件集成的一个重要组成部分,目前已经拥有众多的企业级用户,TrackRecord 基于传统的缺陷管理思想,缺陷处理流程完整,界面设计精细,可对缺陷管理数据进行初步的加工处理并能提供一定的图形表示,其功能特点如下。

① 定义了信息条目类型。在 TrackRecord 的数据库中定义了不同的缺陷、任务、组成员,这些数据支持图形界面输入。

② 定义规则。规则引擎(rules engine)允许管理者对不同信息类型创建不同的规则,规定不同字段的取值范围等。

③ 工作流程。一个缺陷、任务或者其他条目从被输入到最后清除期间经历的一系列状态。

④ 查询。对历史信息进行查询,显示查询结果。

⑤ 概要统计或图形表示。动态地对数据库中的数据进行统计报告,可按照不同的条件进行统计,同时提供了几种不同的图形表示。

⑥ 网络服务器。允许用户通过浏览器访问数据库。

⑦ 自动电子邮件通知。提供报告的缺陷邮件通知功能,并为非注册用户提供远程视图。

2．ClearQuest（商用）

IBM Rational ClearQuest 是基于团队的缺陷和变更跟踪解决方案,是一套高度灵活的缺陷变更跟踪系统,适用于在任何平台上、任何类型的项目中,捕获各种类型的变更。它的强大之处和显著特点表现在以下几个方面。

① 支持微软 Access 和 SQL Server 等数据库。

② 拥有可完全定制的界面和工作流程机制,适用于任何开发过程。

③ 能更好地支持最常见的变更请求(包括缺陷和功能改进请求),并且便于对系统做进一步的定制,以便管理其他类型的变更。

④ 提供了一个可靠的集中式系统,该系统由配置管理、自动测试、需求管理和过程指导等工具集成,项目中每个人都有资格对所有变更发表意见,并了解其变化情况。

⑤ 与 IBM Rational 的软件管理工具 ClearCase 完全集成,可让用户充分掌握变更需求情况。

⑥ 能适应所需的任何过程、业务规则和命名约定。可以使用 ClearQuest 预先定义的过程、表单和相关规则,或者使用 ClearQuest Designer 来定制——几乎系统的所有方面都可以定制,包括缺陷和变更请求的状态转移生命周期、数据库字段、用户界面布局、报表、图表和查询等。

⑦ 强大的报告和图表功能使用户能直观、简便地使用图形工具定制所需的报告、查询

和图表,帮助用户深入分析开发现状。

⑧ 提供自动电子邮件通知,无须授权的 Web 登录以及对 Windows、UNIX 和 Web 的内在支持,ClearQuest 可以确保团队中的所有成员都被纳入缺陷和变更请求的流程中。

3. Bugzilla（开源）

Bugzilla 作为一个开源免费软件,拥有许多商业软件所不具备的特点,现在已经成为全球许多组织喜欢的缺陷管理软件,它的主要特点如下。

① 普通报表生成:自带基于当前数据库的报表生成功能。

② 基于表格的视图:一些图形视图(条形图、线性图、饼图)。

③ 请求系统:可以根据复查人员的要求对 bug 进行注释,以帮助他们理解并决定是否接受该 bug。

④ 支持企业组成员设定:管理员可以根据需要定义由个人或者其他组构成的访问组。

⑤ 时间追踪功能:系统自动记录每项操作的时间,并显示规定结束时间及剩余时间。

⑥ 多种验证方法:模型化的验证模块使用户可方便地添加所需系统验证。Bugzilla 已经内建了支持 MySQL 和 LDAP 授权验证的方法。

⑦ 补丁阅读器:增强了与 Bonsai、LXR 和 CVS 整合过程中提交的补丁的阅读功能,为设计人员提供丰富的上下文。

⑧ 评论回复连接:对 bug 的评论提供直接的页面连接,帮助复查人员评审 bug。

⑨ 视图生成功能:高级的视图特性允许用户在可配置数据集的基础上灵活地显示数据。

⑩ 统一性检测:扫描数据库的一致性,报告错误并允许用户打开与错误相关的 bug 列表。

4. 其他

（1）Buggit（开源）

Buggit 是一个十分小巧的 C/S 结构的 Access 应用软件,仅限于 Intranet。使用简单,10 分钟就可以配置完成,查询简便,能实现基本的缺陷跟踪功能,还有 10 个用户定制域,有 12 种报表输出。

（2）Mantis（开源）

Mantis 是一款基于 Web 的软件缺陷管理工具,配置和使用都很简单,适合中小型软件开发团队。

（3）HP Quality Center（简称 QC,商用）中的缺陷管理模块

HPQC 是一个基于 Web 的测试管理工具,可以组织和管理应用程序测试流程的所有阶段,包括指定测试需求、计划测试、执行测试和跟踪缺陷。QC 所具备的一个重要功能就是缺陷的管理,主要是规范缺陷在其生命周期的各个阶段中正常的操作:如缺陷的状态修改、权限控制等。

2.2.5 软件缺陷报告

1. 软件缺陷报告的读者

在书写软件缺陷报告之前,需要明白谁才是软件缺陷报告的读者对象,知道读者最希望

从软件缺陷报告中获取哪些信息。通常软件缺陷报告的读者主要是：

- 软件缺陷报告的直接读者是软件开发人员和软件质量管理人员；
- 来自市场和技术支持等部门的人员。

读者希望从软件缺陷报告中获取的内容包含以下几个方面：

- 易于搜索软件测试报告的缺陷；
- 报告的软件缺陷进行了必要的隔离，报告的缺陷信息具体准确；
- 软件开发人员希望获得缺陷的本质特征以及缺陷的复现步骤；
- 市场和技术支持等部门希望获得软件缺陷类型分布以及对市场和用户的影响程度。

2. 衡量软件缺陷报告质量的标准

首先，对于管理层来说，软件缺陷报告需要保证清晰明了，特别是概要这一部分。

其次，对于开发部门而言，软件缺陷报告的质量标准主要是看软件缺陷报告能否给出可以帮助软件开发人员高效地调试问题的相关信息。

最后，对于测试人员来说，软件缺陷报告需要使测试人员很快地将 bug 从"opened"状态转变成"closed"状态，减少开发人员返回错误的 bug 报告，以及减少测试人员返工的时间。

3. 软件缺陷报告的准则

correct(准确)：每个组成部分的描述准确，不会引起误会。

clear(清晰)：每个组成部分的描述清晰，易于理解。

concise(简洁)：只包含必不可少的信息，不包括任何多余的内容。

complete(完整)：包含复现该缺陷的完整步骤和其他本质信息。

consistent(一致)：按照一致的格式书写全部缺陷报告。

4. 软件缺陷报告包含的内容

一个完整的软件缺陷报告需要包含的信息如表 2-9 所示。

表 2-9　缺陷报告信息列表

内容	说明
标题	唯一识别缺陷的序号
前提	执行操作之前所具备的条件
环境	发现缺陷时所处的测试环境，包括操作系统、浏览器等
操作步骤	缺陷产生的操作顺序
期望结果	按照用户需求或事先定义的操作步骤导出的结果。期望结果应与用户需求、设计规格说明书等保持一致
实际结果	按照步骤操作实际发生的结果。实际结果和期望结果是不一致的，它们之间存在差异
频率	同样的操作步骤导致实际结果发生的概率
严重程度	缺陷引起的故障对软件产品使用或某个质量特性的影响程度。影响程度完全从用户的角度出发，由测试人员决定。一般分为 6 个级别：致命、严重、重要、一般、较小、其他
优先级	缺陷被修复的紧急程度或先后次序，主要取决于缺陷的严重程度、产品对业务的实际影响，但要考虑开发过程的需求(对测试进展的影响)、技术限制等因素，由项目管理组(产品经理、测试/开发组长)决定。一般分为 4 个级别：立即解决、高优先级、正常排队、低优先级

续 表

内容	说明
类型	属于哪方面的缺陷,如功能、用户界面、性能、接口、文档、硬件等方面
缺陷提交人	缺陷提交人(发现缺陷的测试人员或其他人员)的名字
缺陷指定解决人	修复这个缺陷的开发人员,在缺陷状态下由开发组长指定相关的开发人员(自动和该开发人员的邮件地址联系起来)。当缺陷被发现时,系统会自动发出邮件
来源	产生缺陷的地方,如产品需求定义书、设计规格说明书、代码的具体组件或模块、数据库、在线帮助、用户手册等
产生原因	产生缺陷的根本原因,包括过程、方法、工具、算法错误以及沟通问题等
构建包跟踪	用于每日构建软件包跟踪,根据上一个软件包确定缺陷属于新发现还是回归
版本跟踪	用于产品版本质量特性的跟踪,根据上一软件包确定缺陷属于新发现还是回归
提交时间	缺陷报告的提交时间
修正时间	开发人员修正缺陷的时间
验证时间	测试人员验证缺陷并完成修复的时间
所属项目/模块	缺陷属于哪个具体的项目或模块,要求精确定位至模块、组件级
产品信息	属于哪个产品、哪个版本等
状态	当前缺陷所处的状态

表 2-10 所示为一个软件缺陷模板。

表 2-10 软件缺陷模板(用户注册)

模板名称	用户注册
版本号	v1.1
测试人	×××
缺陷类型	功能错误
严重级别	B
可重复性	是
缺陷状态	New
测试平台	Windows XP Professional
浏览器	IE 8.0
简述	系统规定注册用户名长度为 6～20 字符,至少包括 6 个字符的用户名可成功注册
操作步骤	1. 进入×××购物网首页 2. 单击"注册"按钮,进入用户注册协议页面 3. 单击"同意"按钮,进入用户注册信息页面 4. 按要求输入相关信息 5. 单击"提交"按钮,提示注册成功
实际结果	提示用户名错误,不能成功注册
预期结果	注册成功
注释	建议修改

第3章 黑盒测试

本书中 ATF 系统所采用的方式主要是黑盒测试,黑盒测试是一种常用的软件测试方法,它将被测软件看作一个打不开的黑盒,主要根据功能需求设计测试用例,从而进行测试。黑盒测试不考虑软件内部的实现逻辑,而以一个使用者的角度从外部对软件的功能以及输入输出进行测试。本章介绍了黑盒测试,并主要介绍了几种常用的黑盒测试方法以及对应的实例运用,最后介绍了一些市面上常见的黑盒测试工具。

3.1 黑盒测试的基本概念

黑盒测试也被称作功能测试,是通过外部测试来检验软件的功能运作是否正常。在测试时,黑盒测试将软件内部看作一个无法打开的黑盒子,黑盒子内部的内容(即程序的内部实现逻辑等)是完全未知的。因此黑盒测试在完全不考虑程序内部结构和特性的情况下,只检查程序功能是否能够按照软件规格说明书里的规定正常实现,程序能否恰当地接收外部输入并反馈正确的输出信息。黑盒测试主要针对软件界面和软件功能进行测试。在实际操作时,测试人员不仅要输入软件规格说明书里规定的正确输入,也要输入非法信息以测试程序对错误情况的处理。当输入了错误的输入信号时,软件系统应该通过某种明显且友好的方式提示用户,而不能出现系统崩溃、卡死,用户数据丢失等异常现象。

黑盒测试站在用户的角度,从输入数据与输出数据的对应关系出发来设计具体的测试用例,从程序的外部对程序进行测试。显然,黑盒测试无法发现外部特性本身的问题以及软件规格说明的错误,也无法定位具体的内部实现错误。

黑盒测试是在已知的程序外部功能基础上,试图发现以下几种典型类型的错误:

① 软件功能缺失或遗漏;

② 软件功能不正确;

③ 软件界面错误;

④ 软件人机交互错误;

⑤ 性能错误;

⑥ 数据库错误;

⑦ 初始化和终止化错误。

黑盒测试是一类非常重要的软件测试方法,它根据程序的外部功能特性对程序进行测试,完全不考虑程序的内部结构。黑盒测试有两个显著优点:

① 与软件内部无关,因此当软件内部逻辑出现改变时,只要软件规格说明不变,那么黑盒测试用例依旧可以使用;

② 黑盒测试用例设计可以与软件开发并行,可以提高项目开发效率。

因此,黑盒测试被广泛应用于各种软件测试中,成为最重要的软件测试方法之一。

3.2　黑盒测试方法概述

从理论上讲,黑盒测试要想达到效果,必须要对所有可能的输入情况都进行测试,即进行穷举测试,这样才能发现程序的所有潜在错误。以对一个简单的 16 位计算器程序进行黑盒测试为例:单单一个加法操作,就需要对 $0+1,0+2,\cdots,0+9999999999999999$ 一直到 $9999999999999999+9999999999999999$ 这些输入情况都进行测试,此外,还要考虑负数、小数和分数情况,并且实际使用时用户是可以再编辑的,所以还要测试"1+2〈退格〉3"这种再编辑的所有情况。这仅仅是加法情况,还有减法、乘法、除法、平方、平方根、混合运算等。此外,还要考虑非法输入情况,若用户输入了非法字符该怎么办,除数或分母为 0 该怎么办,等等。可以看到,只是对一个简单的计算器程序进行黑盒穷举测试,就需要考虑无穷多种情况,更何况更复杂的程序? 对于具有"记忆"的程序,如数据库系统,还要考虑不同的操作序列情况。所以可以看到,穷举地进行黑盒测试是不可能的,我们需要合理地设计黑盒测试方法,用最少的用例达到最好的测试效果。

常用的黑盒测试方法有等价类划分法、边界值分析法、决策表分析法等。这些方法并不是万能的,各自有各自适合的场合,也可以将多个方法共同用于黑盒测试,设计测试用例。在实际操作时,应当根据项目实际,合理选择最合适的测试方法,从而使黑盒测试达到最有效的测试效果。下面将对几种常见的黑盒测试方法进行介绍。

3.3　等价类划分法

3.3.1　等价类划分法的概念

等价类划分法是一类很经典的黑盒测试方法,它按照软件规格说明书对输入进行合理的划分,将总的输入全集划分为多个互不相交的输入子集,称之为等价类,然后从每个等价类中选取典型的输入数据,作为测试用例对程序进行黑盒测试。等价类划分法的实质就是选取少量有代表性的数据代替无穷的数据全集进行测试。等价类划分法的适用场合十分广泛,基本上有数据输入的地方就可以使用等价类划分法。

等价类即互不相交的输入数据子集,可以将输入数据全集进行合理的划分。这样做的意义在于:所有等价类的并集即是输入数据全集,表示输入域是完备的;等价类之间互不相交,不存在冗余。等价类里的元素均是等价的,若用等价类里的一个元素进行测试而没有发现问题,那么用该等价类里的其余任何元素进行测试也是不会发现问题的。如果测试数据都从一个等价类里选取,那么只有一个元素能对测试做出贡献,其余都是在做无用功。这也是等价类划分法能用少量的有限数据代替无穷的数据全集进行测试的原因。

3.3.2 等价类划分法的具体实施

1. 划分等价类

合理的测试输入数据不仅包含合法的测试输入,还包含非法的测试输入,因此合理的等价类划分不仅要有合法的输入数据组成的有效等价类,还要有非法的输入数据组成的无效等价类。

常见的对输入数据全集划分等价类的原则如下。

① 按区间划分:如果规格说明书规定了输入条件的取值范围或者值的数量,那么可以据此确定一个有效等价类和两个无效等价类。例如,对于学生信息管理系统,软件规格说明书规定学生年龄为 0～100 岁,那么有效等价类便是 0～100 岁这个区间,而无效等价类可以选取小于 0 岁和大于 100 岁这两个区间。

② 按数值划分:如果规格说明书规定了一组输入数据,而且程序要对这组输入数据中的每一个输入值进行处理,那么可以为每一个输入值都确立一个有效等价类,并针对这组输入数据确立一个无效等价类,它是除这组输入数据外所有不被允许的输入数据的集合。例如,在货物出入库管理系统中,货物状态只有入库和出库两种,并且根据状态决定是入库操作还是出库操作,那么可以确定两个有效等价类分别为入库和出库,无效等价类则为不属于入库和出库的所有其他输入数据。

③ 按数值集合划分:如果规格说明书规定了输入值的集合,那么可以确定一个有效等价类和一个无效等价类(除该有效值集合之外)。例如,同样是学生信息管理系统,学生性别只能选择汉字"男"和汉字"女",那么可以选取一个有效等价类,为汉字"男"和汉字"女",而不属于汉字"男"和汉字"女"的所有其他输入数据则构成了一个无效等价类。

④ 按限制条件或规则划分:如果规格说明书规定了输入数据所必须遵守的规则或者限制条件,那么可以确立一个有效等价类(符合规则)和若干个无效等价类(从不同角度违反规则)。例如,若某个输入条件说明了一个必须成立的情况(如输入数据必须是数字),则可划分一个有效等价类(输入数据是数字)和一个无效等价类(输入数据为非数字)。

⑤ 细分等价类:若等价类里的元素在程序中的处理是不相同的,那么这个等价类还可以进一步划分为多个小的等价类。

在划分等价类时,不必拘泥于对输入数据进行划分,对于输出数据也可以进行等价类划分。

2. 根据等价类设计测试用例

根据有效等价类和无效等价类设计测试用例的原则如下。

① 每一个新的测试用例都应该尽可能多地覆盖尚未被覆盖的有效等价类,最终设计出来的所有测试用例要能够覆盖所有的有效等价类。

② 每一个新的测试用例要只覆盖一个尚未被覆盖的无效等价类,最终设计出来的所有测试用例要能够覆盖所有的无效等价类。

每次只覆盖一个无效等价类是因为同时覆盖多个无效等价类会导致有些无效等价类永远无法被检测到,因为第一个无效等价类可能会屏蔽或终止其他无效等价类的测试执行。例如,软件规格说明书规定了名字是中文且不能有标点符号,而测试用例为"John&Smith",那么可能只检查出名字的非中文错误,而不能发现名字带有标点符号的错误。

等价类划分法的缺点在于两个方面：一是往往软件规格说明书没有规定非法输入的预计情况，测试人员需要花时间去定义这些情况；二是无法处理不同输入变量存在约束关系的情况。

3.3.3　等价类划分法的实例分析

以软件测试用例设计里经典的三角形问题为例，利用等价类划分法进行用例设计。

问题描述：

输入三个整数 a、b、c，分别作为三角形三边的长度，通过程序判定所构成的三角形的类型是一般三角形、等边三角形还是等腰三角形。

问题分析：

① 输入数据的要求：a. 整数；b. 三个；c. 正数；d. 两边之和大于第三边；e. 三边均不相等；f. 两边相等但不等于第三边；g. 三边相等（d～g 由输出值域的等价类隐性确定）。

② 输出值域的等价类：$R_1 = \{$不构成三角形$\}$，$R_2 = \{$一般三角形$\}$，$R_3 = \{$等腰三角形$\}$，$R_4 = \{$等边三角形$\}$。

问题解答：

① 做出等价类表，如表 3-1 所示。

表 3-1　三角形问题的等价类表

		有效等价类	编号	无效等价类		编号
输入域	输入三个整数	整数	1	一边非整	a 非整	11
					b 非整	12
					c 非整	13
				两边非整	a、b 非整	14
					a、c 非整	15
					b、c 非整	16
				三边非整	a、b、c 非整	17
		三个数	2	只输入一边数据	只输入 a	18
					只输入 b	19
					只输入 c	20
				只输入两边数据	只输入 a 和 b	21
					只输入 a 和 c	22
					只输入 b 和 c	23
				输入三边以上数据	输入三边以上数据	24
		正数	3	一边非正	$a \leqslant 0$	25
					$b \leqslant 0$	26
					$c \leqslant 0$	27
				两边非正	a、$b \leqslant 0$	28
					a、$c \leqslant 0$	29
					b、$c \leqslant 0$	30
				三边都非正	a、b、$c \leqslant 0$	31

		有效等价类	编号	无效等价类	编号
输出域	一般三角形	$a+b>c$	4	$a+b\leqslant c$	32
		$a+c>b$	5	$a+c\leqslant b$	33
		$b+c>a$	6	$b+c\leqslant a$	34
	等腰三角形	$a=b!=c$	7	a、b、c 均不相等	35
		$a=c!=b$	8		36
		$b=c!=a$	9		37
	等边三角形	$a=b=c$	10	$a!=b$	38
				$a!=c$	39
				$b!=c$	40

② 根据等价类表做出覆盖有效等价类的测试用例,如表 3-2 所示。

表 3-2　覆盖有效等价类的测试用例表

编号	a、b、c 的取值			覆盖的有效等价类	输出
	a	b	c		
1	3	4	5	1~6	一般三角形
2	4	4	5	1~6、7	等腰三角形
3	4	5	4	1~6、8	
4	5	4	4	1~6、9	
5	3	3	3	1~6、10	等边三角形

③ 根据等价类表作出覆盖无效等价类的测试用例,如表 3-3 所示。

表 3-3　覆盖无效等价类的测试用例表

编号	a、b、c 的取值			覆盖的无效等价类	输出
	a	b	c		
6	3.5	4	5	11	错误提示
7	4	3.5	5	12	
8	4	5	4.5	13	
9	3.5	4.5	5	14	
10	3.5	4	5.5	15	
11	3	4.5	5.5	16	
12	3.5	4.5	5.5	17	
13	3	null	null	18	
14	null	4	null	19	
15	null	null	5	20	
16	3	4	null	21	
17	3	null	5	22	

编号	a、b、c 的取值			覆盖的无效等价类	输出
	a	b	c		
18	null	4	5	23	
19	3、4、5、6			24	
20	0	4	5	25	
21	3	−1	5	26	错误提示
22	3	4	0	27	
23	0	−1	5	28	
24	0	4	−1	29	
25	3	0	−1	30	
26	−1	0	−1	31	
27	1	2	4	32	
28	1	3	2	33	不能构成三角形
29	4	1	2	34	
30	0	4	5	35	错误提示
31	3	4	5	36	非等腰三角形
32	1	2	3	37	不能构成三角形
33	3	4	5	38	非等边三角形
34	3	3	4	39	
35	−1	2	4	40	错误提示

至此,便针对三角形问题设计出了相应的测试用例。

3.4　边界值分析法

3.4.1　边界值分析法的概念

边界值分析法是针对输入和输出的边界值进行测试的一种黑盒测试方法。通常边界值分析法是作为等价类划分法的补充来使用的,这种情况下边界值来源于等价类的边界。

长期的软件测试经验表明,绝大多数的错误发生在输入或输出的边界上,只有极少部分发生在输入或输出范围的内部,因此,针对输入或输出的边界值设计测试用例往往十分有效。总而言之,边界值分析法具有很强的发现软件错误的能力。但是和等价类划分法一样,边界值分析法无法很好地处理输入之间存在约束关系的情况。

3.4.2 边界值分析法的具体实施

1. 确定边界情况

边界情况是在输入或输出集合边界上的特殊情况,通常程序在处理输入或输出集合内的数据时都是正确的,但在处理边界情况时却会报错。例如,在三角形问题中,若将三角形的判断条件 $a+b>c$、$a+c>b$ 及 $b+c>a$ 误写成 $a+b \geqslant c$、$a+c \geqslant b$ 及 $b+c \geqslant a$,那么在边界情况 $a+b=c$、$a+c=b$、$b+c=a$ 下便会出现错误情况,但一般是不会报错的。边界值分析法便是用来检查这类容易被忽略的边界情况错误的测试方法。

为了寻找到合适的边界情况,往往需要耐心地分析输入域和输出域,当输入域和输出域较为复杂时,这往往是较为繁重的工作。以下是一些可能的边界条件叙述,可供参考:

① 第一个/最后一个;

② 最小值/最大值;

③ 开始/完成;

④ 超过/在内;

⑤ 空/满;

⑥ 最短/最长;

⑦ 最慢/最快;

⑧ 最早/最迟;

⑨ 最高/最低;

⑩ 相邻/最远。

实际上,每个软件的边界情况都各不相同,要根据被测软件的实际情况来判断其边界值。

此外,多数情况下边界值可以通过软件规格说明以及对输入域和输出域的分析得到,但有些情况下边界值是很难被注意到的或是很容易被忽略的,如程序数值类型的边界值、数组范围的边界值、字符的边界值、空值、null 值、零值等。这些往往在软件规格说明里是没有的,需要仔细分析找出。

2. 利用边界值进行测试

利用边界值进行软件测试的基本思想为:故障往往出现在输入变量的边界值附近,因此可以利用输入变量的最小值(min)、略大于最小值(min+)、输入域内任意值(nom)、略小于最大值(max−)和最大值(max)来设计测试用例。

边界值分析法基于可靠性理论中的"单故障"假设,即由两个或两个以上故障导致的软件问题是很少的,大多数情况下都是只由一种故障引起的。所以,边界值分析法中获取测试用例的步骤为:

① 每次让一个变量依次取 min、min+、nom、max− 和 max,其余变量取正常值;

② 对每个变量都执行步骤①。

例如,对于一个二元函数程序 $f(x,y)$,其中 $x \in [1,12]$,$y \in [1,31]$,那么采用边界值分析法设计出来的测试用例为:$\{<1,15>,<2,15>,<11,15>,<12,15>,<6,15>,<6,1>,<6,2>,<6,30>,<6,31>\}$。

可以得到一个推论:对于有 n 个变量的程序,采用边界值分析法测试程序会产生 $4n+1$ 个测试用例。

以下是利用边界值分析法设计测试用例时的一些基本原则:

① 如果输入条件对取值范围做了限定,那么可以将范围边界内部和刚刚超出范围边界的输入值作为测试用例;

② 如果输入条件对取值的个数进行了界定,则应该分别以最大、稍大于最大、稍小于最大、最小、稍大于最小、稍小于最小的个数设计测试用例;

③ 如果规格说明书上指明了输入域或者输出域是一个有序的集合,如顺序文件、表格等,则可以选取集合里第一个和最后一个元素作为边界值来设计测试用例。

对于输出,同样可以应用上面的原则进行设计。

3. 健壮性测试

健壮性测试是对于边界值分析的一个简单扩充,它除了对变量的 5 个边界值进行分析外,还加入了略大于最大值(max+)、略小于最小值(min−)的情况,以检查超过极限值时系统程序的运行情况。例如,对上文的二元函数 $f(x,y)$ 进行健壮性测试,则在原来的测试用例基础上加入 $\{<0,15>,<13,15>,<6,0>,<6,32>\}$ 这 4 个用例即可。

同样地,对于健壮性测试,也有推论:对于有 n 个变量的程序,采用健壮性测试来测试程序会产生 $6n+1$ 个测试用例。

3.4.3 边界值分析法的实例分析

下面将利用边界值分析法针对一个具体问题实例设计测试用例。

问题描述:考虑一个简单的平方根计算程序,对其输入一个不大于 10 000 的实数 a,那么该程序将会返回 a 的正平方根。

问题分析:

① 输入数据要求:非负实数,且范围为 0~10 000。

② 输出数据:输入数的正平方根。

问题解答:

输入变量仅有一个非负实数 a,且 $0 \leqslant a \leqslant 10\,000$,那么利用边界值分析法可做出 5 个测试用例,如表 3-4 所示。

表 3-4　边界值分析法测试用例表

测试用例	边界情况	输入数据	预计输出
case1	min	0	0
case2	min+	0.01	0.1
case3	nom	4 435.56	66.6
case4	max−	9 999.9	99.999 5
case5	max	10 000	100

此外,若采用健壮性测试,则可以在表 3-4 的基础上增加两个新用例,如表 3-5 所示。

表 3-5　健壮性测试新增的测试用例

测试用例	边界情况	输入数据	预计输出
case6	min−	−0.01	错误提示
case7	max+	10 000.1	错误提示

以上便是采用边界值分析法测试程序的一个简单例子,在实际使用时,边界值分析法往往是和等价类划分法共同使用,利用边界值分析法选取等价类边界上的值作为该等价类的代表值进行测试,往往可以获得很好的效果。

3.5　决策表分析法

3.5.1　决策表分析法的概念

等价类划分法和边界值分析法都着重于对输入数据取值的分析,当被测程序的输入之间没有关系的时候,这两种方法往往十分有效,但若被测程序的输入存在相互关系,如约束、组合等,等价类划分法和边界值分析法就达不到很好的效果了。因此,为了能够很好地针对存在多种条件关系组合的复杂输入情况设计测试用例,便有了决策表分析法。

决策表分析法在 20 世纪 60 年代便已经出现。在一个程序中,如果输入输出过多,输入之间、输出之间相互制约的关系也很多,如程序针对不同逻辑条件的组合值做出不同的操作,那么采用决策表分析法是非常合适的,它可以清楚地表达输入输出之间复杂的逻辑关系。

决策表分析法作为一种黑盒测试方法,是黑盒测试方法中最严格且最具逻辑性的方法之一。

决策表是一种分析和表达多逻辑条件下执行不同操作的工具。决策表可以把复杂问题的各种可能情况全部列举出来,简明并且避免遗漏,因此,利用决策表可以设计出完整的测试用例集合。

决策表通常由以下 4 个部分组成,如图 3-1 所示。

① 条件桩:列出问题的所有条件。

② 条件项:针对条件桩给出的条件列出所有可能的取值。

③ 动作桩:列出问题规定的可能采取的动作。

④ 动作项:指出在条件项的各组取值情况下应采取的动作。

将任何一个条件组合的特定取值以及相应要执行的动作称为一条规则。在决策表里贯穿条件项和动作项的一列便是规则。显然,决策表里有多少组条件取值便有多少条规则。

通常决策表里条件的先后顺序和动作桩操作的排列顺序是无关紧要的,可以任意安排,

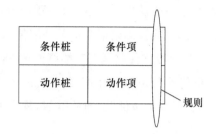

图 3-1 决策表的组成

但在实际操作中为了阅读方便,可以安排一种易读的顺序。

表 3-6 所示为一个以本书的"阅读指南"为形式的决策表示例,若回答肯定,则为 T(True),若回答否定,则为 F(False)。

表 3-6 本书的"阅读指南"

选项		规则															
		1	2	3	4	5	6	7	8	9	10	11	12	13	14	15	16
问题	能编写程序?	F	F	F	F	F	F	F	F	T	T	T	T	T	T	T	T
	熟悉软件测试?	F	F	F	F	T	T	T	T	F	F	F	F	T	T	T	T
	对书中内容感兴趣?	F	F	T	T	F	F	T	T	F	F	T	T	F	F	T	T
	理解书中内容?	F	T	F	T	F	T	F	T	F	T	F	T	F	T	F	T
建议	学习编程		√	√	√		√	√	√								
	学习软件测试		√	√	√					√	√	√	√				
	继续阅读		√		√		√	√	√			√				√	√
	放弃学习	√				√								√	√		

3.5.2 决策表分析法的具体实施

1. 构造决策表

构造决策表可以遵循以下 5 个步骤:

① 列出所有条件桩和动作桩;

② 填入条件项;

③ 填入动作项;

④ 确定规则个数,得到初始决策表;

⑤ 简化决策表,合并相似规则。

对于一个有 n 个条件的决策表(每个条件只取真值和假值)而言,其有着 2^n 条规则。

当决策表里存在两条以上具有相同动作并且条件极为相似的规则时,便可以合并这些规则。合并后的条件项用符号"—"表示,表示该条件的取值与动作无关。

例如,在表 3-6 中第 2、4 条规则的动作项一致,条件项中只有第 3 个条件取值不同,其他 3 个条件取值都一致。这一情况表明,无论第 3 个条件取值如何,当其他 3 个条件分别取 F、F、T 值时,都执行"学习编程""学习软件测试"和"继续阅读"操作,即要执行的动作与第 3 个条件的取值无关。于是,便可将这两条规则合并,合并后第 3 个条件项用符号"—"表示与取值无关,称其为"无关条件"或"不关心条件"。与此类似,具有相同动作的规则还可进一步合并。简化后的"阅读指南"如表 3-7 所示。

表 3-7　简化后的"阅读指南"

选项		规则							
		1,5	2,4	3	6,7,8	9,11	10,12	13,14	15,16
问题	能编写程序?	F	F	F	F	T	T	T	T
	熟悉软件测试?	—	F	F	T	F	F	T	T
	对书中内容感兴趣?	F	—	T				F	T
	理解书中内容?	F	T	F	—	F	T	—	—
建议	学习编程		√	√	√				
	学习软件测试		√	√		√	√		
	继续阅读		√		√		√		√
	放弃学习	√						√	

2. 根据决策表生成测试用例

有了决策表的情况下,生成对应的测试用例就较为简单了,只需要在给出最后的决策表后选择适当的输入,满足决策表中每一列的输入条件即可。

3.5.3　决策表分析法的实例分析

下面用一个测试自动判断工厂机器是否需要检修的简单程序的例子来说明决策表分析法的使用。

问题描述:由程序判断,当机器有任意如下 3 种情况:功率超过 100 马力、有过故障记录、使用时间超过 5 年时,向工厂管理人员发出该机器的检修提醒。

问题分析:

① 条件为功率是否超过 100 马力(A)、是否有故障记录(B)、使用时间是否超过 5 年(C),每个条件的取值都为真(以 T 表示)或假(以 F 表示);

② 动作为发出检修提醒和不发出检修提醒。

问题解答:

根据条件和动作便可做出该程序的初始决策表,如表 3-8 所示。

表 3-8 检测机器情况程序的初始决策表

	序号	1	2	3	4
条件	功率是否超过 100 马力？（A）	T	T	T	T
	是否有故障记录？（B）	F	F	T	T
	使用时间是否超过 5 年？（C）	F	T	F	T
动作	发出检修提醒	√	√	√	√
	不发出检修提醒				
	序号	5	6	7	8
条件	功率是否超过 100 马力？（A）	F	F	F	F
	是否有故障记录？（B）	T	T	F	F
	使用时间是否超过 5 年？（C）	F	T	T	F
动作	发出检修提醒	√	√	√	
	不发出检修提醒				√

然后对表 3-8 进行化简，可以得到化简后的决策表，如表 3-9 所示。

表 3-9 化简后的决策表

	序号	1, 2, 3, 4	5, 6	7	8
条件	功率是否超过 100 马力？（A）	T	F	F	F
	是否有故障记录？（B）	—	T	F	F
	使用时间是否超过 5 年？（C）	—	—	T	F
动作	发出检修提醒	√	√	√	
	不发出检修提醒				√

由此可做出测试用例，如表 3-10 所示。

表 3-10 最终做出的测试用例表

测试用例	条件			预期输出
	A	B	C	
case1	T	F	F	发出检修提醒
case2	F	T	T	发出检修提醒
case3	F	F	T	发出检修提醒
case4	F	F	F	不发出检修提醒

由此便根据决策表设计出了相应的测试用例，可以看到，当输入条件或输出之间存在相互关系的时候，采用决策表可以较好地设计出完备的测试用例。

3.6 黑盒测试方法的比较和选择

以上讨论了 3 种典型的黑盒测试方法——等价类划分法、边界值分析法和决策表分析法。作为黑盒测试方法,这 3 种方法有着共同的特点,即都将被测程序看作一个无法打开的黑盒子,不关心黑盒子的内容,只从外部对被测程序的外部功能和特性进行测试。由于黑盒测试需要大量的测试输入数据作为测试用例,因此需要采用合理的测试方法有效减少测试用例数量,提升效率。在等价类划分法里,通过将输入或输出数据全集划分为多个互不相交的等价类子集,从每个等价类子集里选取具有代表性的数据作为测试用例进行测试,从而不必将整个输入域都作为测试数据来设计测试用例,大大减少了测试用例数量。边界值分析法通过分析输入变量的边界条件来设计测试用例,往往边界值分析法会与等价类划分法一同使用,通过分析各个等价类的边界条件来设计测试用例往往可以达到很好的效果。决策表分析法通常用于输入变量之间存在相互关系的情况,在这种情况下,利用决策表分析法可以很好地设计出完备的测试用例。

除了以上 3 种典型的黑盒测试方法外,还有众多其他的黑盒测试方法,如因果图分析法、正交实验分析法、错误推测法、对象属性分析法、随机测试法、需求文档转化法等。那么在众多的黑盒测试方法里,哪种测试方法是最好的? 如何选择最有效的黑盒测试方法?

下面将从测试工作量和效率两个方面,以等价类划分法、边界值分析法、决策表分析法 3 种典型方法为例,对黑盒测试方法的比较选择进行讨论,因为测试工作量和效率是测试有效进行的关键所在。

3.6.1 测试工作量

以下将以等价类划分法、边界值分析法、决策表分析法 3 种典型方法为例对测试工作量进行分析比较,以选择出最有效的黑盒测试方法。

测试工作量从两个角度进行衡量:生成测试用例的数量和开发这些测试用例所需的工作量。

1. 生成测试用例的数量

图 3-2 所示为等价类划分法、边界值分析法、决策表分析法这 3 种方法所生成的测试用例数量。

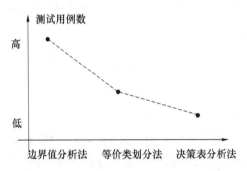

图 3-2   3 种测试方法所生成的测试用例数量

由图 3-2 可以看出,边界值分析法所生成的测试用例是最多的,因为边界值分析法只是机械地分析各个边界条件,将每个边界条件都化为测试用例。等价类划分法所生成的测试用例数量中等。等价类划分法采用技巧和手段将庞大的数据集合合理地划分为多个互不相交的等价类,有效减少了很多冗余测试用例,但随后也只是机械地从每个等价类里抽取数据生成测试用例。决策表分析法是最为精细的,测试人员要仔细思考输入数据集合,分析各个输入之间的相互关系,也许需要多次尝试才能得到合适的决策表,但只要存在良好的条件集合,那么生成的测试用例就是完备的,也是最少的。

2. 开发测试用例所需的工作量

图 3-3 则说明了由每种方法设计测试用例的工作量。

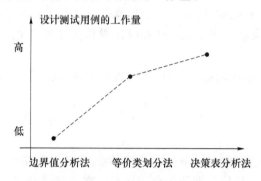

图 3-3 由每种方法设计测试用例的工作量

由图 3-3 可以看出,由决策表分析法生成测试用例的工作量是最大的,因为决策表分析法要求测试人员仔细反复地分析输入集合,得到相互关系,设计并化简决策表。边界值分析法所需要的工作量是最少的,因为其只需要测试人员得到边界条件后,将每个边界条件都生成测试用例即可。等价类划分法位居中间,因为等价类划分法要求测试人员分析输入数据集合,合理地划分等价类。这个结论也与图 3-2 的结论相吻合。

由图 3-2 和图 3-3 得到的结论可以表明,若执行用例的工作量(即生成的测试用例数量)少,则相应的设计测试用例的工作量会增加,采用的测试方法会很精细。在实际的软件测试中,需要合理地平衡这两个方面的比重,若测试用例不常变更但需要反复执行多次,那么可以选择较为精细的测试方法,若测试用例经常变更,不在乎机器执行用例的时间,那么可以采用简单一点的测试方法。

3.6.2 测试效率

关于·组测试用例,人们所关心的是这组测试用例的效果如何,即这组测试用例发现被测程序潜在问题的能力如何。但实际上很难衡量,因为我们并不知道被测程序所有的潜在问题,也不知道给定的测试方法能否找出这些问题。我们所能做的,只是根据潜在问题的类型选择合适的测试方法(包括白盒测试)。通过最可能出现的问题种类,分析得到提高测试有效性的实用方法,再通过跟踪所开发软件的故障种类以及密度,不断改进这种方法。当然,这么做需要丰富的测试经验和技巧。

最好的方法是利用程序的已知属性,通过已知属性去选择这种属性的测试方法。在选择黑盒测试方法时经常用到的属性有:

- 变量表示物理量还是逻辑量;
- 变量之间是否存在依赖关系;

- 是否有大量的例外处理。

以下给出了根据变量类型及其潜在的问题选择黑盒测试方法的一些参考：

- 如果变量引用的是物理量，可采用边界值分析法和等价类划分法；
- 如果变量是独立的，可采用边界值分析法和等价类划分法；
- 如果变量不是独立的，可采用决策表分析法；
- 如果可保证是单缺陷假设，可采用边界值分析法和边界值分析法中的健壮性测试；
- 如果可保证是多缺陷假设，可采用边界值分析法和决策表分析法；
- 如果程序包含大量例外处理，可采用边界值分析法中的健壮性测试和决策表分析法；
- 如果变量引用的是逻辑量，可采用等价类划分法和决策表分析法。

3.6.3 总结

由以上对测试工作量和测试效率的比较可以看出，并不存在十全十美的黑盒测试方法，各个测试方法都有各自的使用范围和各自的缺点。在实际进行黑盒测试方法选择时，要仔细分析实际被测程序的情况，选择最合适的黑盒测试方法，以达到最有效的测试效果。

3.7 黑盒测试工具

3.7.1 黑盒测试工具概要

黑盒测试工具是一系列用于软件功能和性能测试的自动化工具，被广泛用于对软件进行自动化黑盒测试。

黑盒测试工具可以分为功能测试工具和性能测试工具。

① 功能测试工具：功能测试工具主要用于检测被测程序有没有达到软件规格说明里预期的功能要求并能正常运行。

② 性能测试工具：性能测试工具主要用于确定软件和系统性能。例如，用于自动多客户/服务器加载测试和性能测量，用来生成、控制并分析客户/服务器应用的性能等。这类测试工具在客户端主要关注的是应用的业务逻辑、用户界面以及功能测试方面，在服务器端则主要关注服务器性能、系统响应时间、事务处理速度以及其他时间敏感性等方面。

功能测试工具一般采用录制（record）/回放（playback）的原理，通过记录下用户的操作，模拟用户操作对被测程序进行测试，记录被测程序的输出值，并与预期值进行比较。对于回归测试而言，采用自动化功能测试工具可以大大提高测试的效率。例如，对某软件设计了1 000个测试用例，并对其1.0版本进行了测试，当软件迭代为2.0版本时，若还是采用手工测试的方式，则要重新测试这1 000个测试用例，若采用自动化功能测试工具，记录下1.0版本时的操作，在2.0版本乃至今后所有版本测试时进行回放，则不必重新编制测试用例，可大大减少工作量，提升测试效率。但由于软件的变更，也许上一版本的用例脚本并不适用于当前版本的测试,因此,自动化功能测试工具并不适用于测试经常出现大规模变更的软件。

性能测试工具则是通过模拟生产运行的业务压力量和使用场景组合,测试系统的性能是否满足生产性能要求,验证系统所具有的能力。性能测试工具可以在短时间内模拟出大批量用户操作、大规模系统负荷、大规模网络会话、长时间系统负载等对被测程序进行测试,以找出被测程序的压力处理极限、被测程序在大压力情况下的工作情况、各项软硬件对程序系统性能的影响、被测程序系统的长时间稳定性等,从而对被测程序系统进行进一步优化。

市面上常见的功能测试工具有 QTP、Selenium、Robot、SilkTest、QARun 等。市面上常见的性能测试工具有 JMeter、Loadrunner、Robot、QALoad 等。接下来将介绍几款市面上常见的黑盒功能测试工具和性能测试工具。

3.7.2 黑盒功能测试工具——Selenium

Selenium 是一款用于对 Web 应用程序进行黑盒功能测试的自动化测试工具。Selenium 直接运行在浏览器中,利用 JavaScript 语言操作浏览器,模拟用户的真实操作,从而测试 Web 应用程序。Selenium 的主要功能包括:测试兼容性——测试 Web 程序在不同操作系统、不同浏览器下是否正常运作;测试功能——测试 Web 程序的功能是否正常。Selenium 可以在不同操作系统(Windows、Linux、OS X 等)的不同浏览器(Chrome、Firefox、Internet Explorer、Safari 等)下测试 Web 程序,使程序更加可靠。

Selenium 的核心是一个名为 Browser Bot 的命令执行器,Browser Bot 采用 JavaScript 语言编写,通过 JavaScript 对浏览器进行操作,因此可以支持不同操作系统下的不同浏览器。Selenium 提供了以下两种方式对 Browser Bot 进行操作。

① Test Runner 模式:Selenium 的 Test Runner 脚本是采用 HTML 编写的一个简单的表,可以利用 Selenium IDE 进行录制并直接操作 Browser Bot。Test Runner 模式直接运行在浏览器中,操作简单方便,但功能有限,无法进行复杂操作。

② Driven 脚本模式:Selenium 的 Driven 脚本是采用高级编程语言编写的(目前支持的有 Java、Python、Ruby 等),并通过高级编程语言编写的程序代码操作 Browser Bot。Driven 脚本运行在浏览器之外,通过与浏览器的 Browser Bot 进行通信来操作浏览器。为了实现操作多个浏览器,有时候还需要额外的驱动程序包。一个 Driven 脚本的流程包括:启动服务器、部署被测程序、启动浏览器、发送命令到 Browser Bot 执行、验证执行结果。可见,Driven 脚本更为复杂,但其实现的功能更加多样,并且,Driven 脚本由于是由编程语言编写的程序代码文件,因此可以方便地集成到工程文件目录里进行集成和迭代。

Selenium 的特点如下。

① 兼容性好:Selenium 可以在不同的硬件平台、不同的操作系统、不同的浏览器下运行,这点对于测试 Web 程序很重要。

② 支持移动领域:Selenium 支持多种移动平台浏览器,便于测试移动端 Web 程序。

③ 方便集成:Selenium 脚本可以保存为高级编程语言程序文件,放于工程文件目录并与项目代码集成,便于管理,还可以像一般程序那样调试和设置断点。

④ 自动化截图:Selenium 可以自动化地对一些被测程序进行截图操作,方便进行翻译

验证测试、界面验证测试等操作。

⑤ 开源:Selenium 是完全开源免费的,既节约成本也有利于二次开发。

3.7.3 黑盒功能测试工具——QTP

QTP(Quick Test Professional)是一种自动化黑盒功能测试工具。QTP 主要应用于一些重复性的自动化测试,如回归测试等。

QTP 采用关键字驱动的理念以简化测试用例的创建和维护。QTP 让用户可以直接录制屏幕上的操作流程,将程序的各种控件对象存储在对象仓库里,自动生成功能测试或者回归测试用例。专业的测试者也可以通过提供的内置脚本和调试环境来取得对测试和对象属性的完全控制。QTP 具有强大的录制/回放功能,录制好的脚本可以反复进行回放测试,并且支持编辑脚本操作,执行用例时还可以进行调试操作。QTP 还具有强大的分析功能,在用例运行结束后系统会自动生成一份详细完整的测试结果报告。

QTP 作为一种新一代的自动化测试解决方案,支持多种环境的功能测试,包括 Windows 应用程序、各种 Web 对象、.Net 程序、Visual Basic 应用程序、ActiveX 控件、Java 程序、Siebel、Oracle、PeopleSoft、SAP 应用和终端模拟器等。

总而言之,QTP 适用于比较稳定的软件的反复测试,尤其适用于界面变化不大的软件的回归测试,但对于一些经常变动更新的软件的测试,使用 QTP 就不太有效了。

3.7.4 黑盒功能与性能测试工具——Robot

Robot 是 IBM 公司开发的黑盒功能与性能测试工具。作为一款面向对象设计的测试工具,Robot 可以被用于轻松地对 Web 程序等进行黑盒功能测试与黑盒性能测试。Robot 的使用十分简单,通过单击鼠标就可以实现对被测程序的自动化功能测试和自动化性能测试,其内容有:

① 识别并且记录被测程序的所有对象;

② 跟踪并报告图形化测试里的所有信息;

③ 检查和修改元素;

④ 在记录测试脚本的同时,修改和更新测试脚本;

⑤ 测试脚本的跨平台使用。

利用 Robot 可以完成对大多数程序软件的功能和性能测试。Robot 主要采用编写测试脚本的方式提供自动化测试,有 3 种类型的测试脚本:用于功能测试的 GUI(图形用户界面)脚本、用于性能测试的 VU(虚拟用户)脚本和 VB 脚本(VBScript)。通过记录和回放这些测试脚本,测试检查点处的对象状态,Robot 可以对应用程序的每一个对象和它们成百上千的属性进行测试。此外,Robot 记录的测试脚本还可以进行跨平台操作。Robot 支持多种环境和语言,包括 HTML、DHTML、Java、Visual Basic、C++、Oracle、Delphi、SAP、PeopleSoft 和 Sybase PowerBuilder 等。

3.7.5　黑盒性能测试工具——JMeter

JMeter 由 Apache 开发,是一个纯 Java 桌面应用,用于压力测试和性能测量,它最初被设计用于 Web 应用测试,但后来扩展到其他测试领域。

JMeter 可以对静态的和动态的资源(文件、Servlet、Perl 脚本、Java 对象、数据库和查询、FTP 服务器等)进行性能测试。JMctcr 通过对服务器、网络或对象模拟繁重的负载来测试它们的强度或分析不同压力类型下的整体性能。此外,测试人员还可以利用 JMeter 对被测程序进行性能分析,或利用大规模并发负载来测试被测程序、服务器、对象。

JMeter 的特性有:
- 能够对 HTTP 和 FTP 服务器进行压力和性能测试,也可以对任何数据库进行同样的测试(通过 JDBC);
- 纯 Java 程序,兼容性好,可移植性强;
- 完全采用 swing 并且轻量化;
- 高扩展性;
- 完全多线程,框架允许通过多个线程并发取样和通过单独的线程组对不同的功能同时取样;
- 精心的 GUI 设计允许快速操作和更精确的计时;
- 缓存和离线分析/回放测试结果;
- 多种可供选择的负载统计表和可链接的计时器;
- 数据分析和可视化插件提供了很好的个性化和扩展化能力;
- 具有提供动态输入到测试的功能(包括 JavaScript);
- 支持脚本编程的取样器(在 1.9.2 及以上版本支持 BeanShell)。

第4章 Web自动化测试概述

4.1 Web测试的基本概念

随着互联网技术和云计算技术的发展,尤其是Web及其应用的普及,各类基于Web的应用程序正在以其方便、快速、易操作等特点不断成为软件开发的重点。与此同时,随着需求量和应用领域的不断扩大,对Web应用程序的正确性、可用性和Web服务器等方面提出了越来越高的要求,因此Web应用程序的测试技术也日新月异地发展起来了。

Web测试,顾名思义,就是建立在Web应用程序上的测试,用来验证这些程序的功能和性能,以保证系统的可靠性。由于Web应用与用户直接相关,又通常需要承受长时间的大量操作,因此Web项目的功能和性能都必须经过可靠的验证,这就要求对Web项目进行全面测试。Web应用程序测试与其他任何一种类型的应用程序测试相比没有太大差别。

4.2 Web测试技术的实践与发展

4.2.1 传统软件测试

从商用软件最初始的开发到现在,程序的规模、结构和算法复杂度都在呈几何级数增长。

在一个软件项目的开发过程中,面对错综复杂的问题,人的主观认识能力具有一定的局限性,而且与软件项目相关的各类人员之间的交流和配合不可能完美无缺,这样,软件的质量就难以得到控制。为了保证软件程序的正确性和可靠性,也为了寻求软件或程序自身的技术内涵和特定的用户需求领域间的平衡点,使得软件本身更加完善,软件测试作为一种有效的技术手段登上了历史舞台。

在之前的章节里,我们已经对软件测试做了详细的介绍,在此不再赘述。

4.2.2　Web 测试与传统软件测试的区别

　　传统软件测试技术已有数十年的发展史,但是 Web 应用测试技术主体仍处于刚刚起步阶段。另外,由于 Web 具有分布、异构、并发和平台无关性等特点,对 Web 测试技术的要求与对传统软件测试技术的要求存在一定的区别。

　　在 Web 测试的过程中,和传统软件测试不同的一点是需要考虑兼容性问题,即在不同用户浏览环境下的安全性和可用性。由于 Web 应用程序的使用环境不尽相同,包括硬件设备、网络连接、操作系统、服务器端支持、中间件、浏览器等都有所不同,因此形成了异构、自治的工作环境,程序在不同工作环境下的质量保证就成了 Web 测试的重要目标。

　　大多数传统软件都会强调运算功能,而 Web 则着重于信息的发布,在 Web 应用中,信息的搜索和获取就占了很大的一部分。这就使得对 Web 应用的功能测试不同于传统软件测试里的功能测试,而且链接测试方面也会有所不同,数据传递方面也较为复杂。

　　传统软件应用发布周期以月或以年计算,而 Web 应用发布频繁,更新快,周期以天甚至以小时计算,这就要求 Web 测试人员必须处理更短的发布周期。

　　相对于传统软件,Web 应用软件混合了大量的技术,如 HTML、Java、VBScript、JavaScript 等。Internet 和 Web 媒体具有不可预见性。Web 应用的用户数量更为庞大,并且要求对 Web 资源可以跨平台全局访问,需要具备并发处理事务的能力,这些都导致对 Web 应用的测试要求更高,操作更复杂。因此,测试相关人员必须为测试和评估复杂的基于 Web 的系统研究新的技术和方法。

4.2.3　基本的 Web 测试技术

　　我们可以参照传统软件测试的思路,将 Web 测试分为页内测试、跨页测试和系统测试。其中:页内测试相当于传统软件测试中的单元测试阶段,重点测试单个页面的内容;跨页测试在一定程度上相当于集成测试阶段,侧重于以不同的页面调用顺序确定页面间的交互是否正确;系统测试是测试整个应用的整体运行情况。

　　目前环境下的 Web 测试类型主要包括功能测试、性能测试、兼容性测试、可用性测试、接口测试、安全性测试等,如表 4-1 所示。

表 4-1　Web 测试类型

类型	细分	描述
功能测试	导航和链接测试	测试所有链接是否像指示的那样确实链接到了该链接的页面 测试所链接的页面是否存在 确保应用系统中没有孤立的页面 测试动态页面根据不同的动态条件构建的静态页面是否符合需要 导航是否直观 Web 页面的主要部分是否可以通过主页到达 Web 应用是否需要导航地图的帮助
	Cookie 测试	Cookies 是否起作用 是否按预定时间保存和刷新对 Cookies 的影响

类型	细分	描述
功能测试	搜索测试	检查搜索能否呈现正确无误的结果
	表单测试	验证提交操作的完整性,以校验提交给服务器的信息的正确性
	设计语言测试	解决开发工具版本差异带来的客户端或服务器端问题
	数据库测试	查找并解决数据一致性错误和输出错误
性能测试	负载测试	测试应用在某一负载级别上的性能,确保应用在需求范围内正常工作
	压力测试	测试应用的极限和故障恢复能力 测试区域包括表单、登录和其他信息传输页面等
	连接速度测试	测试 Web 系统的响应时间,以满足用户之间访问速度不同的限制
	持久度测试	测试应用在较长时间段内的性能,发现内存泄漏等难以发现的问题
兼容性测试	平台兼容性	测试 Web 系统能否运行于任何操作系统,如 Windows 系列、OS X、Linux 等
	浏览器兼容性	测试 Web 应用能否运行于任何浏览器,如 Internet Explorer、Firefox、Google 等
	第三方软件兼容性	测试在第三方控件下,Web 页面能否正确展示
可用性测试	导航测试	检查 Web 应用系统的页面结构、导航、菜单、链接的风格是否一致 确保导航结构清晰,明白易懂
	图形测试	确保图形用途明确,图片或动画摆放简洁和谐,节约传输时间 检测图片的大小和质量
	内容测试	检验 Web 应用系统所提供信息的正确性、准确性和相关性
	整体界面测试	一般采用在主页上做问卷调查的形式来得到最终用户的反馈信息
接口测试	HTTP 接口	功能上考虑接口的各个参数实现 性能上考虑接口的并发性能及响应时间
	Socket 接口	
	WebService 接口	
	数据共享接口	
安全性测试		登录测试:是否有超时的限制 需要测试的相关信息是否写入了日志 需要加密的信息是否经过加密后进行存储或者传输 测试没有经过授权,是否可以访问不能访问的功能
大数据量测试		测试大数据量的情况下应用是否正常地完成了预定的功能

4.2.4 Web 2.0 下新增的 Web 测试技术

Web 应用的发展非常迅猛,随着 Web 开发技术水平的不断提高,Web 测试技术也相应地不断革新,出现了一个新的时代——Web 2.0 时代,其指的是一个利用 Web 的平台,由用户主导而生成的内容互联网产品模式,为了区别于传统由网站雇员主导生成的内容而定义为第二代互联网。表 4-2 总结了一些 Web 2.0 下新增的 Web 测试技术。

表 4-2　Web 2.0 下新增的 Web 测试技术

类型	描述
Track 测试	每个应用都需要记录自己的点击率，在 Web 里比较直观呈现的就是每个链接的点击率，Track 技术就是用来跟踪记录这些点击率的。Track 测试简言之就是测试 Track 是否正确记录了点击率，以及 Track 是否有合理的区分机制
Ajax 注入测试	在 Web 2.0 中，网站大量使用了 Ajax 技术。由于 Ajax 应用程序采用的是异步工作模式，传统的 Web 测试已经不能满足需要，所以我们需要另外对 Ajax 注入的测试。Ajax 注入测试是测试一个后台处理程序对输入参数的校验严谨性
Cache 机制的测试	由于对于性能的追求，以及各类缓存架构的层出不穷，缓存机制成为每个 Web 应用不可缺少的架构组成部分。Cache 机制有两大目的，一是降低 Web 上发送 HTTP 请求的次数，二是降低 Web 上完整回复 HTTP 请求包的次数。Cache 机制的测试包括缓存有效性的测试、缓存过期的测试、缓存更新的测试等
分布式架构的测试	这个测试范畴就有点大了，对于现在的互联网应用，"分而治之"或者"自治"的分布式架构是性能和存储问题最有效的解决之道，诸如静态文件存储、缓存服务，甚至数据库都有可能是分布式的。对于测试的要求当然也涉及性能、备份、读取等的测试，以保证分布式系统中的同步与离散存储的有效性
爬虫测试	做互联网，当然希望 Google、百度收录的内容多多益善，而那些盗窃内容的爬虫则被挡在门外了。所以这也是一种新型的安全性测试，可能涉及系统防火墙的测试、白名单爬虫稳定率的测试等。当然，其实 Google Webmaster 这类工具还能反过来为我们的测试提供有效的测试数据，如外链的质量和链接有效性等
API 测试	对于互联网提供的各种 API，我们应该单体进行测试，主要目的是测试每个函数或者方法的参数，在合法和不合法的情况下，是否都做了相应的处理。API 测试的目的是给功能测试扫清路障。不过，在很多项目中，一般不做单体的 API 测试，主要通过高密度的功能测试来弥补。除了功能测试外，特别需要注意安全性和性能测试

4.3　Web 自动化测试的基本概念

4.3.1　自动化测试介绍

在过去很长一段时间里，传统软件测试一直采用手工测试的形式。但是随着软件产业的不断发展，产品越来越复杂，竞争也越来越激烈，我们必须在最短的时间内开发出客户所需要的软件，而仅靠传统的手工测试，无法适应现在飞速发展的软件产业，我们必须在保证软件产品质量的同时缩短软件的开发周期。面对这些问题，软件自动化测试应运而生。

自动化测试是指软件测试自动化的过程，即用计算机代替人来进行软件测试的过程。它利用自动化测试工具等将人为驱动的测试操作转化为测试脚本，让机器来执行，使用机器和程序的能力，其目的是节省人力、时间等，扩大测试范围，提高测试效率，充分发挥人和机器的能力。

自动化测试主要完成两项工作,一是把可以进行自动化测试的测试用例自动化,使其能够自动执行;二是把没有办法手工测试的测试用例自动化,如压力测试,手工测试显然无法完成,这时就需要进行测试的自动化。

4.3.2　自动化测试的优点

自动化测试的优点可以从以下两方面来说明。

一是效率方面。自动化测试显而易见的长处是节省人力、时间等资源,能提高测试的效率。在测试的过程中引入自动化测试,也可以降低在手工测试中因人为因素出现错误的概率,尤其是在回归测试中。

软件每次更新或升级时,大部分的界面和功能都和之前版本的一样,可是为了保证软件每一个环节都不出错,就需要把所有的测试用例再执行一遍,产生大量的重复性劳动。如果采用手工测试,这会是一个十分耗时的过程。而如果使用自动化测试的方法,测试人员可以调用自动化测试脚本,针对 Web 系统,一般是测试人员自己编写的自动化脚本,如此将会在很短的时间内把所有的测试用例执行完,大大缩短了软件回归测试阶段的时间。

另一个就是效果问题,对每个人而言,重复做同一件事情会使人产生视觉疲劳,而且如果重复次数很多,习惯性动作难免会使测试结果出现偏差。在这种情况下,自动化完成部分测试过程,既可以减轻工作量,也可以给测试工作带来趣味性和挑战性。总体来说,自动化测试可以给测试人员带来很多方便。

在压力测试、性能测试等手工测试无法完成的测试过程中,自动化测试发挥了其独特的功能。例如,在 Web 系统中,针对前台页面传入后台的表单数据和数据库的大数据进行对比,由于数据量过于庞大,单凭测试人员手动操作,是很难准确得到对比结果的。而自动化测试此时就可以发挥它的作用,测试人员可通过编写自动化脚本,完成前台页面数据与数据库的数据对比。

自动化测试的特性使得测试工作时间更加自由。只要把脚本、环境等必要条件设定好,就可以直接放入后台使机器自动开始测试,这个过程并不需要人工的干预。因此测试人员可以在下班后或者周末运行自动化测试脚本,上班时测试人员只需要分析自动化测试运行报告即可。而手工测试无法给予测试人员这样的方便,速度慢等问题也会耽误开发进度。

测试过程的一致性和可重复性。由于每次执行的自动化测试脚本都是一样的,因此每次的自动化测试步骤是一样的,就可以重复执行被测程序,保证了自动化测试的一致性,而手工测试是很难做到这一点的。

增加软件信任度。由于自动化测试一般都是用自动化脚本语言完成的,因此每次测试都不用做修改或者只需做少许修改,就可以在不同的环境下执行同样的测试用例,在保证软件测试进度的同时,也保证了软件质量。

当然,进行自动化测试的好处不止这些,只有真正用过自动化测试才能体会到自动化测试所带来的好处。在日常的测试工作中,利用空闲的时间,对原来的功能进行脚本的录制及修改,并将其保存,当需要对其进行回归测试或版本升级查询新功能对原有功能的影响时,只需将原来的测试脚本调出来,修改其中主要的参数,然后进行回放,就可以达到和手工测试相同的效果。

4.3.3　使用自动化测试的条件

虽然自动化测试可以带来很多好处,但并不是每个项目都可以使用自动化测试,或者需要使用自动化测试,有些软件的测试过程,如一次性的软件,引入自动化测试只会增加工作量,降低测试效率。

那么,自动化测试的使用就需要给定条件。什么情况下需要使用自动化测试,什么情况下可以使用自动化测试?

事实上,在一般情况下,一个软件要引入自动化测试,需要满足以下 3 个条件。

一是软件需求变动较少。测试脚本的稳定性将决定软件引入自动化测试的维护成本,如果软件需求变化较大,那么原来的测试用例及脚本将不再适用,对其进行修改维护将需要很大的工作量,因为对脚本的维护也是一个开发过程,需要调试、回放等工作。如果自动化测试的维护成本大于手工测试的成本,就可以放弃自动化测试,而改用手工测试。

二是项目周期要足够长。一个软件的测试包括软件需求的分析、测试需求的分析、测试用例的设计、测试脚本的录制或编写、对脚本的修改及调试等,这个过程需要有足够的时间来完成。如果项目的周期较短,则根本没有时间去完成这样的一个过程,那么何来自动化测试?

三是自动化测试脚本的可重用性要较高。如果花了很长一段时间来完成一套自动化测试脚本,但最终发现对它的重复使用很少,导致花费的成本远大于其带来的价值,那么自动化测试只能成为个例,而非工作需要。

此外,对于压力测试、性能测试、大数据输入测试等测试工作,手工测试无法完成,在这种情况下,需要考虑自动化测试的使用。

4.3.4　Web 自动化测试的简单介绍

Web 应用结构的组织一般分为 3 个主要层:Web 浏览器层、Web 服务器层和数据库服务器层。用户与 Web 之间的交互发生在 Web 浏览器层,程序的逻辑计算在 Web 服务器层,数据库服务器层主要进行数据库的操作,一般由 Web 服务器层操作,如图 4-1 所示。

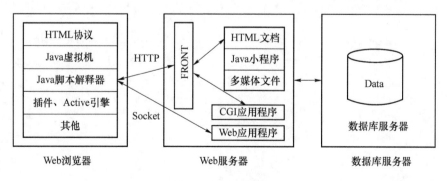

图 4-1　Web 应用结构

在 Web 系统中,用户可以点击链接,产生模拟对话框(服务器发送回一个包含表格、文本框和其他用户界面对象的页面)。在对应用进行输入的过程中,用户是与基于浏览器的系统界面对象进行交互的。Web 系统测试可以对交互界面进行,也可以测试触发事件,在点击事件中,触发事件是 Web 浏览器运行嵌入在 HTML 页面中的脚本代码,一般是JavaScript 脚本编写的代码,有些是以用户界面组件(Active 控件)的形式嵌入在 HTML 页面中在浏览器中运行。

由于 Web 服务器层的不透明性,Web 系统的自动化测试大多针对 Web 浏览器层和数据库服务器层进行。分析每个事件是在哪里(Web 浏览器层或者数据库服务器层)进行的,对于测试用例的设计和错误的再现都是很有好处的。Web 系统的功能测试,特别是 Web系统的自动化测试技术,是当前国际软件界最具有争议并且亟待发展的技术。初级的测试人员可以掌握和应用简单的 Web 自动化测试技术,一般只会完成单一功能的测试,而且代码冗余,可继承性差。只有深入地掌握自动化测试原理和测试模型后,测试人员才会完整地实现 Web 系统的整个自动化测试过程。所以 Web 自动化测试易于普及但需要完善。

第5章 Web自动化测试实现原理

通过对前几章的学习,我们已经深入认识了什么是自动化测试和Web自动化测试原理,但作为一个成熟的自动化测试工程师,除此之外,还应该熟知自动化测试的基础逻辑结构,也就是自动化测试的框架,那到底什么是框架? 什么是自动化测试框架? 认真学习本章的内容,你的疑惑将得到解决,并能进一步了解一般的自动化测试架构有哪些。

5.1 自动化测试框架介绍

5.1.1 自动化测试框架概述

在了解什么是自动化测试框架之前,先了解一下什么叫框架。

从应用者的角度出发,框架是整个或部分系统的可重用设计,表现为一组抽象构件及构件实例间交互的方法。从开发者的功能应用方面出发,框架是可被应用开发者定制的应用骨架。由此可知,框架不仅是被重用的基础平台,也可以是组织架构类的精髓,其存在的初衷就是为组织和归类作用,后一种定义更为贴切。

自动化测试框架的定义为由一个或多个自动化测试基础模块、自动化测试管理模块、自动化测试统计模块等组成的工具集合,提供可用于服务的基础自动化测试模块,如打开浏览器、单击链接等功能,使自动化测试取代手工测试,最终达到测试用例的执行者为机器的目的。

按框架的定义属性来分,自动化测试框架可以分为基础功能测试框架、管理执行框架;按测试类型来分,可以分为功能自动化测试框架、性能自动化测试框架;按测试阶段来分,可以分为单元自动化测试框架、接口自动化测试框架、系统自动化测试框架;按组成结构来分,可以分为单一自动化测试框架、综合自动化测试框架;按部署方式来分,可以分为单机自动化测试框架、分布式自动化测试框架。

5.1.2 四种常见的自动化测试框架模式

在自动化测试中最常见的四种模式是数据驱动测试框架、关键字驱动测试框架、混合型测试框架和行为驱动测试框架,其中关键字驱动测试框架可以兼容更多的自动化测试操作类型,属于高级的自动化测试框架之一。

(1)数据驱动测试框架

数据驱动测试框架是使用数据数组、测试数据文件或者数据库等作为测试过程输入的自动化测试框架。此框架可以对所有的测试数据在自动化测试执行的过程中进行自动加载,动态判断测试结果是否符合预期并自动输出测试报告。

此框架一般用于在一个测试流程中使用多组不同的测试数据,以此来验证被测系统是否能够正常工作。

(2)关键字驱动测试框架

关键字驱动测试框架可以理解为高级的数据驱动测试框架,使用被操作的元素对象、操作方法和操作数据值作为测试过程的输入,简单表示为 item operation(value)。被操作的元素对象、操作方法和操作数据值可以保存在数据数组、数据文件或数据库中,作为关键字驱动测试框架的输入。例如,在页面上的用户名输入框中输入用户名,则可以在数据文件中进行如下定义:

用户名输入框,输入,testman

关键字驱动测试框架属于更高级的自动化测试框架,可以兼容更多的自动化测试操作类型,大大提高了自动化测试框架的灵活性。

(3)混合型测试框架

在关键字驱动测试中加入数据驱动的功能,则框架被定义为混合型测试框架。

(4)行为驱动测试框架

支持自然语言作为测试用例描述的自动化测试框架,如 lettuce 框架。

5.1.3 自动化测试框架的作用

① 能够有效组织和管理测试脚本。
② 进行数据驱动或者关键字驱动的测试。
③ 将基础的测试代码进行封装,降低测试脚本编写的复杂性和重复性。
④ 提高测试脚本维护和测试修改的效率。
⑤ 自动执行测试脚本并自动发布测试报告,为持续集中的开发方式提供脚本支持。
⑥ 让不具备编程能力的测试工程师能够开展自动化测试工作。

5.1.4 自动化测试框架设计的核心思想

世界上没有最好的自动化测试框架,也没有万能的自动化测试框架,各种自动化测试框架都有自身的优点和缺点。我们在设计自动化测试框架的时候一定要考虑实现一套自动化测试框架到底能够为测试工作本身解决什么样的具体问题,不能为了自动化而自动化,我们要以解决测试中的问题和提高测试工作效率为主要导向来进行自动化测试框架的设计。

自动化测试框架设计的核心思想是将常用的脚本代码或测试逻辑进行抽象和总结,然后对这些代码进行面向对象的设计,将需要重复的代码封装到可用的方法类中。通过调用公用的类方法,测试类中的脚本复杂度会大大降低,能让更多脚本能力不强的测试人员来实施自动化测试。

创建核实失败 bug 的自动化测试框架的步骤如下。

① 根据测试业务的手工测试用例,选出需要且可自动化执行的测试用例。

② 根据可自动化执行的测试用例,分析出测试框架需要模拟的手工操作以及重复度高的操作流程和逻辑。

③ 将手工操作和重复度高的测试逻辑在代码中实现,并在类中进行封装方法的编写。

④ 根据测试业务的类型和本身的技术能力,选择是数据驱动测试框架、关键字驱动测试框架、混合型测试框架还是行为驱动测试框架。

⑤ 确定框架模型后,将框架中常用的浏览器选择、测试数据处理、文件操作、数据库操作、页面元素的原始操作、日志和报告等功能进行类方法的封装实现。

⑥ 对框架代码进行集中测试和系统测试,采用 PageObject 模式或者 testNG 框架(或 JUnit)编写测试脚本,使用框架进行自动化测试,验证框架的功能是否可以满足自动化测试的需求。

⑦ 编写自动化测试框架的常用 API 文档,以供他人参阅。

创建完成后,应在测试组内进行培训和推广,不断收集测试过程中框架使用的问题和反馈意见,不断增加和优化自动化测试框架的功能,不断增强自动化测试框架中复杂操作的封装效果,尽量降低测试脚本的复杂性,评估自动化测试框架的使用效果,计算自动化测试的投入产出比,再逐步推动自动化测试框架的应用。

5.2　自动化测试的基本流程

5.2.1　用例管理

所谓测试用例,是指一个与程序部分行为以及输入、输出相关的描述或者标识。美国电气与电子工程师协会(IEEE,The Institute of Electrical and Electronics Engineers)出台了一个标准的测试用例定义,即"测试用例是描述输入实际值与预期输出行为或者结果的文档,它同时表示了测试过程的结果与约束"。

Web 自动化测试的精髓是为被测对象找到一组测试用例。测试用例是或者应该是被承认的工作产品。一个完整的测试用例包括测试用例标识符、简短的目的描述(如一个业务规则)、前置条件描述、实际的测试用例输入、期望输出、期望的后置条件描述和执行记录。执行记录主要用于测试管理,可以包括执行测试的日期、执行人针对的软件版本以及测试是否通过。

测试用例的输出部分常常会被忽视,这是很不应该的,因为输出通常是测试用例最难的部分。假设你正在测试一个软件,针对美国联邦航空公司管理局的航线限制和当天的气象数据,这个软件要给飞机确定最佳航线,然而怎么知道这个最佳航线到底是什么呢?可能会有各种各样的答案,从学术角度来看,任何一个问题一定会有一个确切的答案,从行业角度来看,可以采用参考测试的方法,由专家用户来参与系统测试,对于给定的一组测试用例输入,由这些专家来评判系统的输出是否可以接受。

运行测试用例包括建立必要的前置条件,给出测试用例的输入,观察输出结果,将实际输出与期望输出进行比较,然后在保证预期后置条件成立的情况下判断测试能否通过。由此可以看出测试用例是非常有价值的,至少和源代码一样珍贵,所以也需要对测试用例进行开发、审查、使用、管理和保护。

一般而言,测试用例应该清楚地描述出对被测系统发出什么数据或条件,以及该输入所期望的结果。例如,针对网站的登录功能编写一个测试用例时,我们发出的数据就是用户的输入与操作,具体来讲就是用户输入的用户名和密码,以及用户对于登录按钮的点击。而该测试用例期望的结果,根据用户名与密码的正确与否,分别为登录成功与失败。这就是一个测试用例所必备的基本功能。

一个 Web 项目的功能繁多,测试用例也就很多,所以测试用例的管理十分重要。为了能有条理地对测试用例进行管理,需要按照被测系统、功能点、测试任务、测试优先级、测试用例类型等方面对测试用例进行分类管理。这样一来,在后续的自动化测试中,可以有针对性地筛选出相应的用例进行操作。

5.2.2　数据管理

在 Web 自动化测试中,针对每个功能点编写了测试用例之后,需要有相应的数据作为测试用例的输入,这些数据就称为测试数据。例如,针对某网站的登录功能,我们编写了一个测试用例来测试其登录功能的有效性。这个时候就需要将各种输入传入测试用例,即将不同的账号和密码输入测试用例,观察其返回结果是否符合预期。

在自动化测试中,为了提高测试数据的可复用性,必须采用一定的策略对测试数据进行合理、规范的管理。

针对测试数据的规模大小,一般有以下几种管理方案。

① 使用配置文件管理数据。对于小规模的测试数据,可以将测试数据写入配置文件中,在后续的测试执行过程中,可以方便地将数据与测试用例结合起来。

② 使用 Excel 管理数据。针对数量级在一万以内的数据,可以采用 Excel 文件进行存储管理。其缺点是只支持单事务,无法多线程读取。

③ 使用数据库管理数据。当数据量过于庞大时,就需要使用数据库这种高效的管理方式来存储和管理测试数据。

5.2.3　脚本管理

测试脚本一般指的是一个特定测试的一系列指令,这些指令可以被自动化测试工具执行。测试脚本是针对一个测试过程的。一个测试过程往往需要众多的数据来测试。

如果要使用一个测试脚本测试多组数据,就需要对脚本进行参数化,把固定的常数修改为来自数据源的变量。例如,针对某网站登录功能的测试用例编写了一条输入脚本,其内容如下:

Page. account_input. send("account_name");

由于测试时需要对多组数据进行测试,为了保证脚本可以复用,需要将 account_name 做参数化,这样通过改变传给参数的数据,就能测试多种情况。

一个项目有多个测试用例,需要编写多条测试脚本,对这些测试脚本进行有效的管理是非常重要的,所以必须有专门的脚本管理系统。通过脚本管理系统,在执行自动化测试之前,就可以对脚本进行编辑、参数化等操作。

5.2.4　执行管理

自动化测试工作进行的前提是具备测试用例、测试数据和测试脚本。在这些工作准备就绪后,就可以对指定的测试场景中的用例执行操作。为了能够条理清晰地进行测试工作,并在每一轮测试完成后保存历史执行记录,需要对每一次的执行结果进行合理、规范的管理。

对执行记录进行管理时,需要着重记录以下数据:创建日期、执行轮次、执行阶段以及执行结果等。通过对执行结果的记录,可以方便地进行统计和分析,也有助于在后续的测试工作中发现问题,总结经验,同时对不足之处做出合理的优化。

5.2.5　结果统计分析

测试报告和质量报告是自动化测试工作的主要成果。一个好的测试报告建立在正确的、足够的测试结果基础之上,不仅要提供必要的测试结果的实际数据,还要对结果进行分析,发现产品中问题的本质,对产品质量进行准确的评估。常见的结果统计分析方法有饼图、曲线图等。

一般的分析报告分为两种:缺陷分析报告和产品质量分析报告。缺陷分析主要对测试过程中出现的缺陷、bug 等进行统计,通过缺陷分析报告,可以全方位了解 Web 网站存在的不足。产品质量分析是从整个测试结果的角度分析产品的整体质量。良好的分析报告有助于提高产品的质量。

5.3　自动化测试页面元素的定位

自动化测试中最基础的就是要先找到待操作的元素,有几种常见的定位方法,下面将一一介绍。

1. By. name( )

源码如下:

```
< button id = "gbqfba" name = "btnk" class = "gbqfba">< span id = "gbqfsa"></span >
</button >
```

当我们要通过 name 属性来引用这个 button 并点击它时,代码如下:

```
public class SearchButtonByName {
```

```
public static void main(String[] args){
    WebDriver driver = new FirefoxDriver();
    driver.get("http://www.forexample.com");
    WebElement searchBox = driver.findElement(By.name("btnk"));
    searchBox.click();
}
}
```

只要该元素的任意一个属性是唯一的,即可通过该属性进行定位,上面用到的是 By.name(),所以通过 name 进行定位。

2. By.id( )

页面源码如下:

< button id = "gbqfba" aria-label = "Google Search" name = "btnk" class = "gbqfba">

< span id = "gbqfsa"> Google Search </span >

</button >

要引用该 button 并点击它时,代码如下:

```
public class SearchButtonById {
    public static void main(String[] args){
        WebDriver driver = new FirefoxDriver();
        driver.get("http://www.forexample.com");
        WebElement searchBox = driver.findElement(By.id("gbqfba"));
        searchBox.click();
    }
}
```

3. By.tagName( )

tag 有标签的意思,HTML 中< a >< body >< div >< form >等都是标签,By.tagName()可以通过标签名查找元素。利用这个方法搜索到的元素通常不止一个,所以一般结合 findElements()方法使用。例如,我们现在要查找页面上有多少个 button,就可以用 button 这个 tagName 来进行查找,代码如下:

```
public class SearchPageByTagName{
    public static void main(String[] args){
        WebDriver driver = new FirefoxDriver();
        driver.get("http://www.forexample.com");
        List < WebElement > buttons = driver.findElements(By.tagName("button"));
        System.out.println(buttons.size());
        //打印出 button 的个数
    }
}
```

另外,在使用 By.tagName()方法进行定位时,需要注意有些 HTML 元素的 tagName

是相同的,例如,单选框、复选框、文本框、密码框等会使用 input 标签,这样单靠 tagName 无法准确地得到想要的元素,需要结合 type 属性准确定位。示例代码如下:

```
public class SearchElementsByTagName{
    public static void main(String[] args){
        WebDriver driver = new FirefoxDriver();
        driver.get("http://www.forexample.com");
        List<WebElement> allInputs = driver.findElements(By.tagName("input"));
        //只打印所有文本框的值
        for(WebElement e: allInputs){
            if (e.getAttribute("type").equals("text")){
                System.out.println(e.getText().toString());
                //打印出每个文本框里的值
            }
        }
    }
}
```

4. By.className( )

By.className()是利用元素的 CSS(层叠样式表)所引用的伪类名称来进行元素查找的方法。对于任何 HTML 页面的元素,一般程序员或页面设计师会对元素直接赋予一个样式属性或者利用 CSS 文件里的伪类来定义元素样式,使元素在页面上显示时能够更加美观。引用样式如下:

<button name = "sampleBtnName" id = "sampleBtnId" class = "buttonStyle"> I'm Button </button>

当我们要通过 className 属性来查找该 button 并操作它时,代码如下:

```
public class SearchElementsByClassName{
    public static void main(String[] args){
        WebDriver driver = new FirefoxDriver();
        driver.get("http://www.forexample.com");
        WebElement searchBox = driver.findElement(By.className("buttonStyle"));
        searchBox.sendKeys("Hello, world");
    }
}
```

使用 className 来进行元素定位时,有时会碰到一个元素指定了若干个 class 属性值的"复合样式"情况,例如:

button:< button id = "J_sidebar_login" class = "btn btn_big btn_submit" type = "submit">登录</button>

这个 button 元素指定了 3 个不同的 CSS 伪类名作为其样式属性值,用符号"."连接不同的 CSS 伪类名即可,如下:

driver.findElement(By.cssSelector("button.btn.btn_big.btn_submit"))

5. By. linkText( )

这种方法比较直接,即通过超文本链接上的文字信息来定位元素,一般专门用于定位页面上的超文本链接。通常一个超文本链接的形式如下:

```
< a href = "/intl/en/about.html"> About Google </a >
```

我们定位这个元素时,可以使用下面的代码进行操作:

```
public class SearchElementsByLinkText{
    public static void main(String[] args){
        WebDriver driver = new FirefoxDriver();
        driver.get("http://www.forexample.com");
        WebElement aboutLink = driver.findElement(By.linkText("About Google"));
        aboutLink.click();
} }
```

6. By. partialLinkText( )

这种方法是上一种方法的扩展。当不能准确知道超链接上的文字信息或者只想通过一些关键字进行匹配时,可以使用这个方法来通过部分链接文字进行匹配。代码如下:

```
public class SearchElementsByPartialLinkText{
    public static void main(String[] args){
        WebDriver driver = new FirefoxDriver();
        driver.get("http://www.forexample.com");
        WebElement aboutLink = driver.findElement(By.partialLinkText("About"));
        aboutLink.click();
} }
```

注意　使用这种方法进行定位时,如果页面中不止一个超链接包含"About",findElement()方法只会返回第一个查找到的元素,而不会返回所有符合条件的元素。如果想获得所有符合条件的元素,只能使用 findElements()方法。

7. By. XPath( )

这种方法是非常强大的元素查找方式,使用这种方法几乎可以定位到页面上的任意元素。在正式开始使用 XPath 进行定位前,我们先了解下什么是 XPath。XPath 是 XML Path 的简称,由于 HTML 文档本身就是一个标准的 XML 页面,因此我们可以使用 XPath 的语法来定位页面元素。

我们以所示 HTML 代码为例:

```
< html >
< body >
< form id = "loginForm">
< input name = "username" type = "text">
< input name = "password" type = "text">
< input name = "username" type = "text">
< input name = "continue" type = "submit" value = "Login">
< input name = "continue" type = "submit" value = "Clean">
```

```
</form>
</body>
</html>
```

XPath 绝对路径的写法如下。

① 引用页面上的 form 元素:/html/body/form[1]。

② 元素的 XPath 绝对路径可通过 firebug 直接查询。Firefox 上也可以使用 FirePath 插件获取 XPath。Chrome 上选中元素,右击并以 XPath 的方式进行复制。

③ 一般不推荐使用绝对路径的写法,因为一旦页面结构发生变化,该路径也随之失效,必须重新写。

④ 当 XPath 以/开头时为绝对路径,表示让 XPath 解析引擎从文档的根节点开始解析。XPath 中/表示寻找父节点的直接子节点。

⑤ 当 XPath 以//开头时为相对路径,表示让 XPath 解析引擎从文档的任意符合条件的元素节点开始解析。XPath 中//表示寻找父节点下任意符合条件的子节点,不管嵌套多少层级。

⑥ XPath 中可以将绝对路径和相对路径混合在一起来进行表示。

⑦ 使用逻辑符号连接两个属性://input[@id='aa' and @class='bb']/span/input。

XPath 相对路径的写法如下。

① 查找页面根元素://。

② 查找页面上所有的 input 元素://input。

③ 查找页面上第一个 form 元素内的直接子 input 元素(即只包括 form 元素的下一级 input 元素,使用绝对路径表示)://form[1]/input。

④ 查找页面上第一个 form 元素内的所有子 input 元素(只要是在 form 元素内的 input 都算,不管嵌套了多少个其他标签,使用相对路径表示)://form[1]//input。

⑤ 查找页面上的第一个 form 元素://form[1]。

⑥ 查找页面上 id 为 loginForm 的 form 元素://form[@id='loginForm']。

⑦ 查找页面上 name 属性为 username 的 input 元素://input[@name='username']。

⑧ 查找页面上 id 为 loginForm 的 form 元素下的第 1 个 input 元素://form[@id='loginForm']/input[1]。

⑨ 查找页面上 name 属性为 continue 并且 type 属性为 button 的 input 元素://input[@name='continue'][@type='button']。

⑩ 查找页面上 id 为 loginForm 的 form 元素下的第 4 个 input 元素://form[@id='loginForm']/input[4]。

前面讲的都是 XPath 中基于准确元素属性的定位,其实 XPath 也可以用于模糊匹配。例如,对于"退出"这个超链接,没有标准 id 元素,只有一个 rel 和一个 href 不好定位。我们可用 XPath 的 3 种模糊匹配模式来定位。

① 用 contains 关键字,定位代码如下(即寻找页面中 href 属性值包含 logout 的所有 a 元素,由于这个退出按钮的 href 属性中肯定包含 logout,因此这种方式是可行的,也会经常用到。其中,@后面可以紧跟该元素任意的属性名):

```
driver.findElement(By.xpath("//a[contains(@href,'logout')]"));
```

② 用 starts-with，定位代码如下（即寻找 rel 属性以 nofo 开头的 a 元素。其中，@后面的 rel 可以替换成元素的任意其他属性）：

```
driver.findElement(By.xpath("//a[starts-with(@rel,'nofo')]"));
```

③ 用 text 关键字，定位代码如下（直接查找页面中所有的"退出"二字，不必知道是否是 a 元素。这种方法也经常用于纯文字的查找）：

```
driver.findElement(By.xpath("//*[text()='退出']"));
```

本书系统更倾向于采用强大的 By.XPath()方法定位页面元素。

第6章　ATF简介

ATF(Auto Testing Framework,自动化测试框架)是由北京邮电大学、教育部信息网络工程研究中心团队自主研发的一款基于 Web 的自动化测试工具,其不仅是一个或者一组测试执行工具,还包括测试工具的管理过程以及工程过程,将测试管理、测试执行、质量评估、版本管理、变更管理、人员协作进行统一规划和整合,实现了将测试过程中不同阶段的管理、资源分配、测试执行有效整合,大幅度提高了测试效率和测试质量,实现了测试的规模化。

6.1　ATF 的产生背景

由于软件测试的重要性是近几年才被充分认识到的,高校教育和企业培养都还没有跟上,这也使得软件测试需求严重供应不足。这样的现象是符合我国软件产业发展的。在我国,软件产业兴起和发展仅有短短十几年。一般软件公司都需要请专人测试,甚至存在测试工作都放在用户那里去做的错误思想,追求眼前功能的实现开发,短平快却不考虑性能和功能的优化。软件产业发展的今天,如果还是用以前的思路和办法,企业和高校的产品肯定是没有竞争力的,从而会导致这样的软件企业生存极其困难,正因如此,我们团队才开发了基于 Web 测试的 ATF 平台。

6.2　ATF 的设计理念

ATF 的设计涉及数据库的管理、执行机的批量执行等,均以该行服务人员的利益为重,其设计理念有如下几个特点。

① 减轻测试人员的压力,减少手工测试中的重复工作。

在中国的一百多万软件从业人员中,进行手工软件测试的人员占整个软件测试行业测试人员的绝大部分,被测试的部分模块在整个软件测试开发生命周期中被重复测试 10 次以上,增加了 IT 测试工作人员的工作。ATF 系统本着除了需要进行逻辑结构思考的测试必须人为完成外,大部分的机械式重复测试以及回归测试可由 ATF 等相关软件完成的理念,完成该系统的开发与测试。

② 提高测试用例的执行效率,实现快速的自动化回归测试。

使用手工方式执行测试用例的速度是很慢的。工作人员易疲劳,工作时长是不稳定的,在测试用例非常多的情况下,完整地测试一遍所有测试用例的时间和人工成本会非常高。ATF 可以用自动化测试代替手工测试,在不断电的情况下,机器可以 24 小时不间断地进行测试工作,并快速完成测试脚本指派给它的测试任务。

③ 减少测试人员的数量,提高开发和测试的比例,节约测试人力成本。

大部分 IT 企业的运营成本中,差不多有 50%~70% 的成本是人工成本,分析如何更好地控制和分配人工成本,对企业的发展有着重要的作用。使用自动化测试方法进行软件测试,必定会减少手工测试的工作量,从而达到减少软件测试人员的目的,进而改善企业的人工成本配置,增强企业的盈利能力。

④ 涉及大量测试数据插入的测试用例。

在系统级别的测试过程中,经常会遇到插入大量的测试数据来验证系统的健壮性。例如,测试人员想要插入 100 个注册用户,并且每个注册用户都有特定的 10 条用户数据,那么需要插入的数据量达 1 000 条,使用手工的方式插入数据势必会花费很长的时间和很大的精力,测试人员可以通过多种自动化的方式实现上述测试数据插入要求。例如:

a. 测试人员编写数据库的存储过程脚本,在数据库的不同数据表中插入测试数据,使用这样的方式可以实现海量数据的快速插入。当然此方式也有缺点,如果搞不清楚数据库中各个表格的逻辑关系和数据格式的插入要求,很可能插入错误数据,导致无法被前台的程序正确展示和使用。

b. 按照系统接口的调用规范要求,在测试系统的接口层编写测试脚本,调用插入的数据系统接口,实现测试数据的快速插入,但是其速度比前者稍慢,其优势是能够保证插入数据的正确性。如果测试系统没有接口层,则不能实现该方法的使用。

除此之外,还有使用自动化测试工具等其他的数据插入测试方法,在此不再详述。

⑤ 常见的错误目标:使用自动化测试完全代替手工测试,是因为自动化测试能发现更多的 bug。

很多测试人员都有一个错误的想法,就是想用自动化测试完全代替手工测试。设定此目标会给自动化测试的实施带来极大的困难,测试工作本身是一种艺术,需要测试人员去探索系统中可能存在的问题,并且需要在测试过程中使用不同的测试方法、测试数据和测试策略,以发现更多的 bug,而自动化测试的实施方式是使用固定的方法和固定的数据区实施测试,无法像人一样根据测试系统的响应情况做出及时的策略调整,势必会造成测试逻辑的低覆盖,ATF 系统在功能性测试方面极大地提高了测试逻辑的覆盖率。

采用 ATF 系统,对整个系统以及测试工作而言,最直观的体现有两点:①实现自动化技术人员和业务测试人员的技能分离,降低人员技能要求,降低人力成本;②降低自动化工具的操作技能要求和复杂度,提高自动化脚本的编写速度和维护速度。

6.3　ATF 支持的浏览器

ATF 最大的特点就是能够在多操作系统上支持多种浏览器和自动化测试,下面将介绍此工具支持的浏览器。

- Google Chrome；
- Edge 浏览器；
- Firefox 浏览器；
- 搜狗浏览器；
- 猎豹浏览器；
- QQ 浏览器。

6.4　自动化测试辅助工具

ATF 工具本身虽然很强大，但是其也需要一些辅助工具来解决一些特定的问题，本节主要介绍和 ATF 配合使用的一些辅助工具。

6.4.1　Firefox 浏览器或 Google Chrome 的安装

Firefox 浏览器的安装步骤如下：

① 访问网址 http://www.firefox.com.cn/。

② 单击浏览器页面中的"免费下载"，下载 Firefox 浏览器的安装文件。

③ 下载完成后，在下载文件保存目录中会生成一个名为 Firefox-latest.exe 的文件。

④ 双击 Firefox-latest.exe，进行安装。

⑤ 安装完毕后，桌面会显示 Firefox 浏览器的快捷方式图标。

⑥ 安装 FireBug 插件。

Google Chrome 的安装步骤如下：

① 百度搜索"谷歌浏览器"。

② 进入搜索结果页面，可以看到百度软件中心的谷歌浏览器下载提示，然后单击"立即下载"。

③ 下载完成后，会生成一个名为 ChromeSetup.exe 的文件。

④ 双击 ChromeSetup.exe，进行安装。

⑤ 安装完毕后，桌面会显示 Google Chrome 的快捷方式图标。

6.4.2　浏览器自带的辅助开发工具

主流浏览器均自带辅助开发工具，功能类似于 Firefox 浏览器中的 FireBug 插件，可用于查看页面元素。

启用浏览器后按"F12"快捷键，即可打开浏览器的辅助开发工具。

在自动化测试脚本开发过程中，辅助开发工具主要用于查看页面元素的 HTML 代码，在浏览器不能正常显示页面元素时，可以结合此工具来查看页面元素的 HTML 代码，以便后续编写页面元素的 XPath 或者 CSS 定位表达式。

6.5 学习 ATF 工具的能力要求

自动化测试相对于手工测试来说需要更多的知识和编程技巧。ATF 工具相对于很多同类测试工具来说对自动化测试使用者的要求更低,但考虑测试过程中遇到的各种问题,仍然要求使用者了解 HTML、XML、CSS、JavaScript、Ajax、MySQL 数据库、unittest Jenkins/Hudson lettuce 测试框架等相关领域的知识。

不管选择什么样的测试工具,使用者都应尽可能地深入学习以上知识,尤其是要增加学习编程的时间,编程能力的高低直接决定着使用者是否可以写出优秀的自动化测试框架。真正的自动化测试高手,从技术能力上来说比中等开发人员的水平还要高。所以要想成为能够独当一面的自动化测试工程师,需不断学习各类开发知识。

在各行各业都是如此,只有树立终身学习的目标,才能在一个领域崭露头角。自动化测试的从业者必须要坚持不懈地努力学习和实践,这样才能让我们离自动化测试巅峰越来越近,最终有一天我们会站在巅峰摇旗呐喊。

第7章　ATF 概述

通过对前几章的学习,我们已经深入认识了自动化测试和 Web 自动化测试的原理。但除此之外,一个成熟的自动化测试工程师还应该熟知自动化测试的基础逻辑结构,也就是自动化测试的框架。那到底什么是自动化测试框架呢? 认真学习本章的内容,你的疑惑将得到解决。

7.1　ATF 的系统构架

ATF 是针对图形界面测试与接口测试的自动化测试平台,是一个由自动化测试项目管理模块、测试执行管理模块、执行机以及测试统计模块等组成的工具集合。ATF 系统提供完整的测试管理流程,支持手工测试和自动化测试,将测试过程管理、测试执行、质量评测、人员协作进行统一规划和整合,以提高测试效率和测试质量,实现测试的规模化。

7.1.1　ATF 的系统结构

ATF 主要由客户端和执行机构成,如图 7-1 所示。

客户端主要由系统管理、测试基础设施、项目测试三大部分构成。系统管理主要是对用户权限、执行机信息和自动化构件的管理;测试基础设施是对被测系统以及被测系统功能点的管理;项目测试是最核心的一个部分,其主要功能是对测试项目、测试用例、测试资源、测试场景、测试计划与执行以及测试记录进行管理。

执行机的主要功能是接收客户端分发的测试脚本、元素库、记录单,根据接收的资源运行脚本,测试被测系统,并返回测试结果给客户端。

ATF 项目的优势与特点如下。

① 提供完整的测试管理流程,支持手工测试和自动化测试,可以提高自动化测试的比例,提高测试用例覆盖率。

② ATF 项目将自动化测试技术与业务使用分离,技术支持人员提供自动化底层实现函数,业务人员使用自动化框架工具进行测试,不需要了解自动化底层实现,不需要编写代码,而且工具提供相当的便利性,有利于提高自动化脚本的编写效率,降低维护成本,降低自动化工具的使用门槛和人员技能要求。测试实施过程中人员具体业务分工流程如图 7-2 所示。

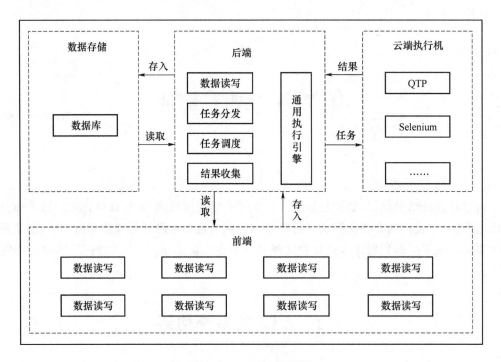

图 7-1　ATF 的系统结构

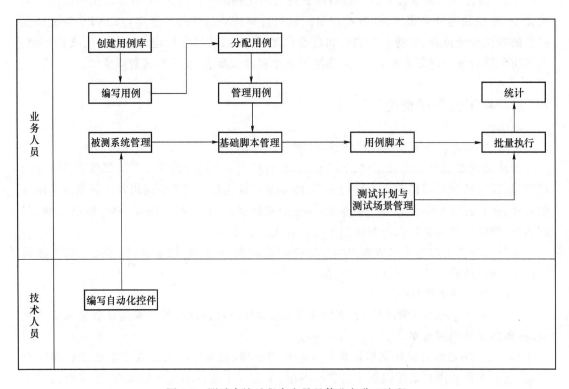

图 7-2　测试实施过程中人员具体业务分工流程

③ 测试一体化(支持丰富的测试类型,并且用统一的方式进行管理)、可视化,支持 GUI 功能手工测试、GUI 自动化测试、接口自动化测试。

　　④ 提供优良的自动化脚本管理方式,加快自动化脚本生成速度,甚至支持自动或半自动生成脚本。当自动化脚本能在规定时间内编写出来时,可以极大地提高自动化测试覆盖率,极大地降低维护成本,避免脚本维护时间过长而浪费宝贵的测试时间,使得回归测试成为可能。

　　⑤ 提高执行效率,提高测试速度;多执行机任务自动分发,并发执行。

7.1.2　ATF 的测试界面

　　ATF 界面由登录页(见图 7-3)、注册页(见图 7-4)、主页(见图 7-5)以及其他功能页面构成,主页的功能是引导用户熟悉 ATF 自动化测试的流程。

图 7-3　ATF 登录页

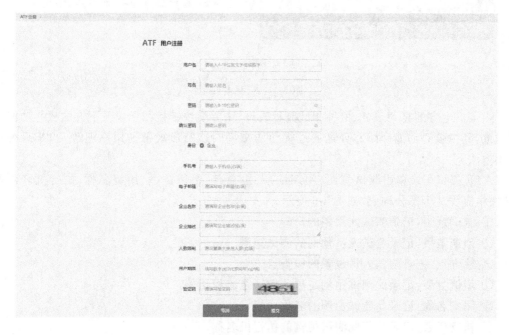

图 7-4　ATF 注册页

（a）

（b）

图 7-5　ATF 主页

主页由上方的总菜单栏、两种测试流程入口、主要模块链接图标以及下方的核心功能介绍构成，其中核心功能介绍部分是通过视频加文字阐述的形式帮助用户理解 ATF 系统的使用方法。

ATF 测试记录单由测试意图、预期结果、检查点、用例类型、用例名称、执行机名以及 UI 操作流程 7 个部分构成，如图 7-6 所示。

① 测试意图：记录测试此用例的目的。

② 预期结果：记录测试人员预期的测试结果。

③ 检查点：记录测试人员设置的检查点。

④ 用例类型：记录此测试用例是单用例还是流程用例。

⑤ 用例名称：记录此测试用例的名称。

⑥ 执行机名：记录执行此测试用例的执行机名称。

⑦ UI 操作流程：记录此测试用例实际测试的操作流程。

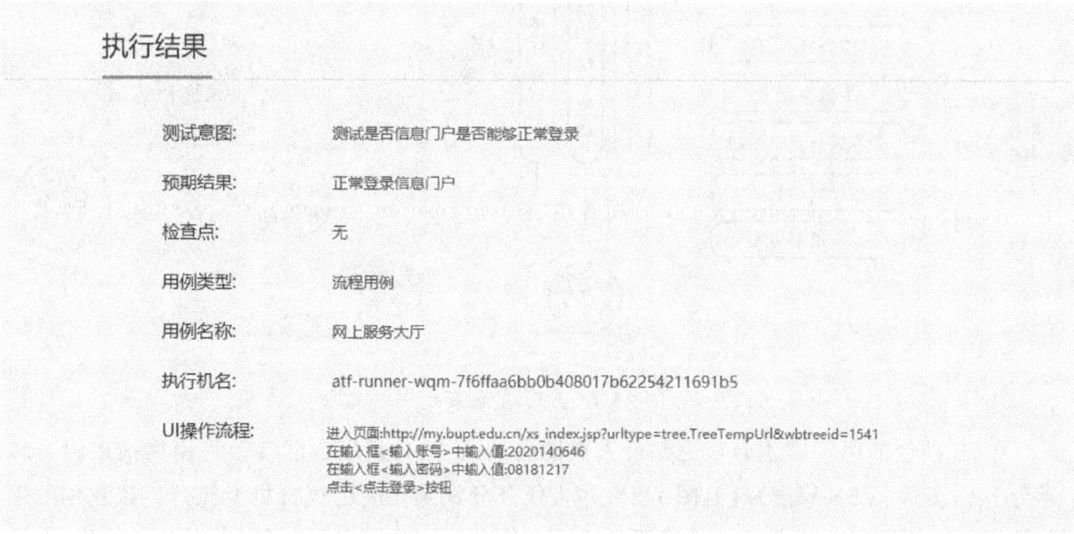

执行结果

测试意图：	测试是否信息门户是否能够正常登录
预期结果：	正常登录信息门户
检查点：	无
用例类型：	流程用例
用例名称：	网上服务大厅
执行机名：	atf-runner-wqm-7f6ffaa6bb0b408017b62254211691b5
UI 操作流程：	进入页面:http://my.bupt.edu.cn/xs_index.jsp?urltype=tree.TreeTempUrl&wbtreeid=1541 在输入框<输入账号>中输入值:2020140646 在输入框<输入密码>中输入值:08181217 点击<点击登录>按钮

图 7-6 ATF 测试记录单

7.2 ATF 的创新点及优势

7.2.1 与传统工具的特点比较

传统的 Web 自动化测试框架主要包括以下两种。①UFT(QTP)是惠普的一种自动化测试工具,使用该工具的主要目的是执行重复的自动化测试,如回归测试、同一个软件的新版本测试等;②Selenium(Selenium HQ)是 Thoughtworks 公司的一种用于 Web 应用的程序测试工具,测试用例可直接运行在浏览器上,高度仿真用户操作。

这两款主流的测试工具都具有一定的局限性。在 UFT 中无法批量生成脚本,也无法进行执行调度。在 Selenium 中,测试对象管理、测试数据管理、脚本批量生成、执行调度等都无法进行。ATF 测试工具可以弥补以上主流自动化测试工具的不足。

7.2.2 ATF 的创新点

ATF 的创新点如图 7-7 所示。

ATF 采用了很多市场上传统自动化测试系统没有的技术。数据中心具有自动参数列生成、步骤参数化、脚本编写智能辅助、数据自动生成、流程数据传递等优势,批量执行调度具有自动任务分发、执行策略可选、场景规划等优点;除此之外,用例描述语言、元素库等也采用了新的技术。

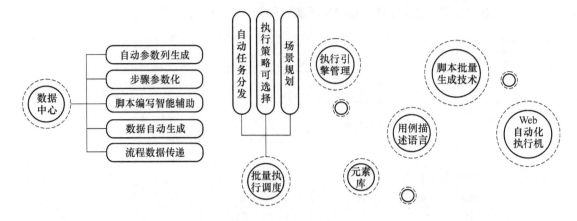

图 7-7　ATF 的创新点

　　ATF 独创的用例描述语言更贴近人类的自然语言,并且后台能自动将用例描述语言转译为 Java、C♯、VBS 等语言(见图 7-8),并将任务分发到相应的执行机上执行。该独创的用例描述语言使得测试技术人员只需要学习一门简单易用的语言,便可以上手测试工作,大大减少了所需的学习成本。

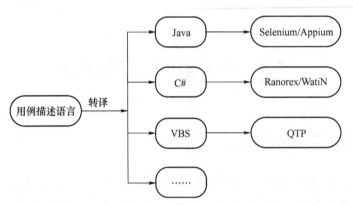

图 7-8　ATF 语言转译

　　我们为 ATF 开发的执行引擎管理平台能够对第三方执行工具进行统一的管理,并且对工具的操作进行了优化,降低了使用难度。此外,平台还能够用统一的用例描述语言来指导用例的执行。正因如此,ATF 对众多类型的被测系统,如 IE 浏览器、Firefox 浏览器、Safari 浏览器、Web 网页、WinForm 程序、Android App、iOS App 等,都能进行高效、契合的支持,如图 7-9 所示。

　　元素库技术是从用户视角对系统中的操作对象进行逻辑划分的一门独创技术。该技术可以使用户不用考虑被测系统页面背后的自动化对象关系结构,因而业务人员可以根据需要自由编写元素库、命名元素,如图 7-10 和图 7-11 所示,不需要懂自动化技术,有效地实现技术和业务分离,即所谓关键字驱动的思想。其特点有两个:①实现自动化技术人员和业务测试人员的技能分离,降低人员技能要求,降低人力成本;②降低自动化工具的操作技能要求和复杂度,提高自动化脚本的编写速度和维护速度。

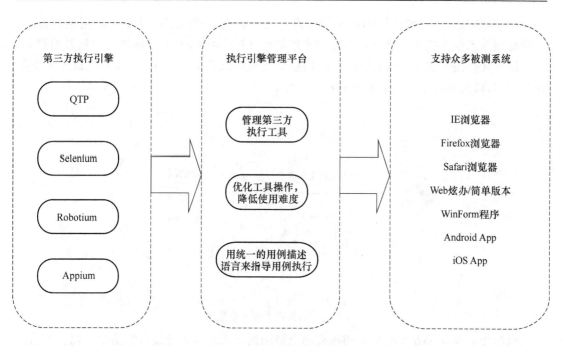

图 7-9　执行引擎管理平台

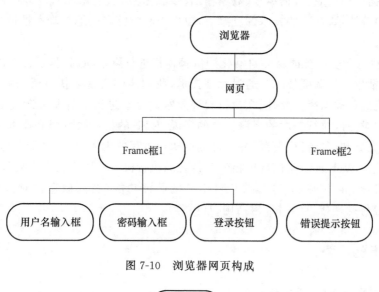

图 7-10　浏览器网页构成

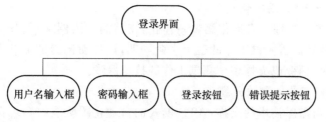

图 7-11　登录界面元素

脚本批量生成技术是指通过对基础脚本配置不同的数据和步骤,批量生成大量的用例脚本(见图 7-12),以此覆盖被测系统功能点的主干流程、分支流程,满足不同用例的需求。使用此项技术使得技术人员不必再写大量相似且重复的用例脚本,只需要写少量基础脚本,便可以在代码插入、数据表达式处理、代码框架管理等技术的支持下,批量产生成百上千条用例脚本,极大地减少了繁杂重复的机械工作。

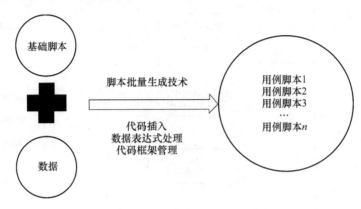

图 7-12　用例脚本的批量生成

数据中心是从基础脚本到自动生成的批量用例脚本的重要桥梁。数据中心包含自动参数列生成、数据自动生成、数据编写、数据输出、步骤参数化、数据比对、脚本编写智能辅助、流程数据传递等技术,在这些技术的支撑下,数据中心能够高效地与脚本批量生成技术进行配合。

ATF 的执行调度系统能够对自动化测试脚本集进行脚本筛选、脚本分发以及执行异常处理,这便是批量执行调度技术。通过此项技术,我们能够实现多执行机的并发运行,并且能进行执行机的负载均衡。此外,在执行出现异常时自动进行的异常处理能够有效地防止个别执行异常对测试执行进度的阻滞。总的来说,ATF 的批量执行调度技术能够提高测试执行的效率,充分利用执行机资源,并实现测试执行过程的无人值守,降低人力资源成本。

我们开发的 Web 自动化执行机相较于传统的执行机有着以下 3 个主要优势:①多浏览器支持(IE、Chrome、Firefox 等);②有着丰富的验证功能(页面信息比对、数值比对等);③具备复杂控件操作接口(表格、树结构、日历等)。

7.2.3　ATF 的优势

1. 测试过程一体化、规模化

ATF 实现了测试管理与自动化测试一体化,支持测试用例编写、分配、执行、进度管理的全过程。管理范畴涵盖测试工作的整个生命周期,让自动化测试工具不再只是测试执行环节中的一个角色,而变成支撑整个测试工作的技术保障。

2. 自动化技术与业务测试分离

依靠元素库、对象库技术的支撑,ATF 模式的自动化团队能够实现自动化技术与业务测试的有效分离。技术与业务的分离、精细化的分工协作能够让自动化技术人员专注于执行技术实现、工具开发,而让业务测试人员专注于被测业务逻辑场景和用例的设计。此种模式打破了测试工作中传统的串行方式限制,让自动化技术人员和业务测试人员可同时开展工作,此外还产生了 3 个主要优势:①案例设计业务化,效率高;②业务人员的技术水平要求与手工测试相近,容易上规模;③人员流动对测试进程的影响很小。

3. 资源分层、快速响应变更、可回归

ATF 运用了大量的先进技术和成熟的管理模式,实现了自动化测试的快速构建、可复用和可回归。在此之上,解决了以下几个在自动化测试工作中常见的问题:①自动化测试脚本编写速度太慢,检查点编写复杂,业务流程较长时脚本极难编写。②被测系统界面变更、业务规则变更、测试用例步骤变更、环境数据变更后,需要修改大量的自动化脚本。③测试用例发生变化时,原有用例脚本需要进行大量修改,可复用性降低,增加了回归测试成本。④执行大规模回归测试时用例筛选工作量大,执行异常难以处理,用例相互依赖需顺序执行的问题。

4. 支持丰富的测试系统

通过执行插件加载、控件扩展技术,ATF 支持主流的用户级功能自动化测试系统类型,如 B/S、. Net、Java、VB、iOS、Android、字符终端、接口测试等。

5. 执行效率高

ATF 自动化测试团队的并发执行特性、批量执行调度技术的自动任务分发和负载均衡功能以及由错误自动处理实现的可无人值守特性,共同大幅提高了 ATF 的测试执行效率。

第 8 章　ATF 测试基础设施建设

8.1　自动化构件管理与维护

8.1.1　自动化构件管理

进入 ATF 界面后,单击"系统管理"目录,可看到"自动化构件管理"选项卡。

自动化构件维护的功能是创建、维护自动化测试过程中被测系统所需要的控件类型、方法及其他属性,提前设置好这些属性,可在测试中根据这些设置自动地进行测试,无须人工操作。自动化构件管理模块被"自动化构件维护"利用,可创建多个抽象架构,该架构下可创建控件和方法,当某个具体的测试系统继承抽象架构时,测试系统无须创建控件和方法,自动继承抽象架构的控件和方法。如果存在不需要继承的控件和方法,也可删除,添加专属的控件和方法。这种模式的好处是抽象架构可被多个被测系统复用,节省了时间。

首先需要单击"自动化构件管理"选项卡进入该模块界面,最左侧的界面为"开发架构",即抽象架构的汇总,可添加和修改多个树形结构的目录,如图 8-1 所示。其中添加的抽象架构可继承自其他架构,父类的架构类型和方法同时被创建的子类继承,如图 8-2 所示。

图 8-1　自动化构件管理-开发架构

图 8-2　添加自动化架构

　　单击抽象架构进入图 8-3 所示的界面,可进行该架构中控件类型的创建。若该架构为父类,则控件类型的继承标志为"自身控件";若为子类,则子类的控件和父类同名且继承标志为"继承自父类",若不同名则为"自身控件"。有些控件还需要设置该控件对应的方法,如图 8-4 所示,输入框对应的方法为"set",按钮对应的方法为"click"。方法同控件类型,都可继承自父类。"添加方法"界面中可对方法进行创建,包括设置方法名称,对方法进行描述说明,设置是否有参数,设置等待时间、超过时间和该方法的目标代码。方法创建后,可进行控件和方法的绑定。

图 8-3　创建控件类型

图 8-4　添加方法

　　单击控件类型可进入控件类型的详细属性界面,如图 8-5 所示,可为该控件补充或修改、查看相应的属性。当控件类型继承自父类时,控件类型不可修改,只能对父类对应的控件类型进行修改,若控件为自身控件,则可修改。"默认方法"下拉框可选择创建好的方法,指定某方法作为元素关联该控件时的初始方法。"继承标志"下拉框有 3 个选项:自定义(如自身控件)、禁用、重定义。"继承可见性"下拉框有 2 个选项:公共、私有。若选择私有,则其子类不可继承该控件。其中,"运行时参数""支持的识别属性""自识别属性""辅助识别属性"等 4 个参数的作用分别是,第一个参数是自动化测试运行时所需要的参数,后三个参数是使执行机在一个页面里定位某个控件时所需要的参数。

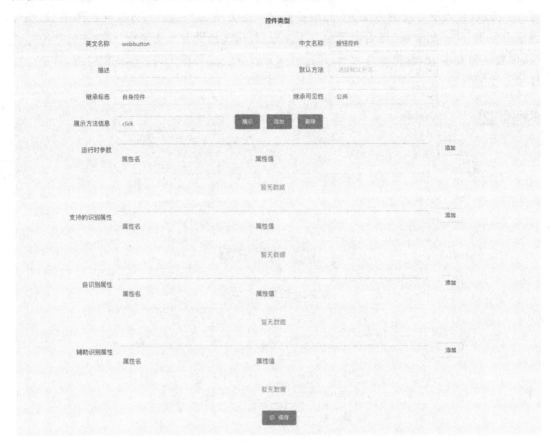

图 8-5　控件类型属性

8.1.2　自动化构件维护

在自动化构件管理中创建完控件和方法,就可以在具体被测系统中使用这些控件和方法。

回到首页,单击"被测基础设施",再单击"创建",添加被测系统,填写"系统名称""系统编号""开发架构""描述",如图 8-6 所示,其中,开发架构可选择"自动化构件管理"模块所创建的抽象架构,此时该被测系统对应的控件和方法可继承所选开发架构的控件和方法。

在被测基础设施页面中选中被测系统,展开高级功能,单击"自动化构件维护"选项卡,进入该被测系统的自动化构件维护界面。被测系统不仅可以继承父类控件,也可以创建自己的控件,方法类似。继承的控件类型不可修改,相应的输入框和下拉框变灰,不可编辑,而自控件可进行编辑和修改。

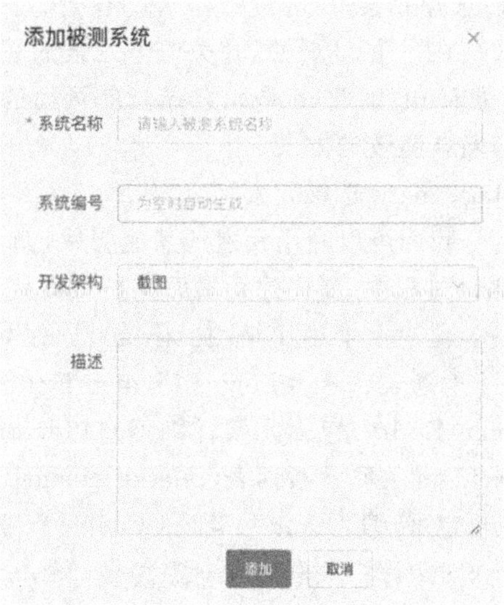

图 8-6　添加被测系统

8.2　元　素　库

8.2.1　元素库的设计思想

所有 UI 操作的自动化都需要选择界面元素。选择界面元素就是先让程序能找到要操作的界面元素，先找到元素，才能操作元素。

一般根据 Web 元素的特征去选择元素，通常可以使用浏览器的开发者工具栏帮助查看、选择 Web 元素，如图 8-7 所示。

图 8-7　利用浏览器查看百度首页的元素

（1）根据元素的 id 属性选择元素

在图 8-7 中，input 元素存在一个 id 属性，id 类似于元素的编号，用来在 HTML 中标记该元素。根据规范，如果元素有 id，则此 id 是元素在当前页面的唯一标志。所以如果元素有 id，根据 id 选择元素是最简单高效的方式。

（2）根据 name、class、tag、xpath 选择元素

在没有元素 id 的情况下，我们可以利用元素的其他属性，如 name、class、tag、xpath 等。因此，在 Web 自动化测试过程中，要构建元素库维护页面元素，用于自动定位。

元素库由多个 UI 构成，每个 UI 都拥有自己的名称（name）、关联对象（relateIdentifyObjectId）和元素列表（List＜LogicalElementEntity＞）。

每个元素（LogicalElementEntity）包括元素详细信息（IdentifyAutoElementEntity）、关联对象（relateIdentifyObjectId）和关联元素列表（relateElementList）。

每个元素的详细信息包括编号（id）、名称（name）、类型（classtype）、属性集（localePropertyCollection）和对象库中关联的父对象编号（parentElementId）。

属性集由主属性集（main_properties）、副属性集（addtional_properties）和辅助属性集（assistant_properties）构成。

属性（LocateProperty）由名称（name）、值（value）和匹配方法（matchMethod）构成。

由上到下，元素—属性集—属性就是一个元素的基本架构。通过配置 Web 系统中的元素，可构成完整的元素库。

8.2.2　元素库的配置方法

在 Web 网站自动化测试系统中，每个被测系统下的功能点都会拥有一个自己的元素库。整个元素库的配置方法如下。

① 添加 UI，输入 UI 名称和 UI 描述，如图 8-8 所示。

图 8-8　添加 UI

② 选择相应的 UI，添加元素，为元素选择控件类型，将元素与自动化构件进行关联，为元素选择主属性，如 id、name、text、xpath 等，并写入对应的主属性值，如图 8-9 所示。

图 8-9　添加元素

③ 创建完成后可以单击创建好的元素,在界面右侧对其名称、控件类型、定位属性进行调整,如图 8-10 所示。

图 8-10　调整元素信息

8.3　执行代码管理

在 ATF 中,执行代码管理分为执行前代码管理和执行后代码管理。在测试框架中,对网站的测试操作是通过执行脚本程序的方式来进行的,同时,在自动化测试的工作流程中,最重要的一步就是测试脚本代码执行操作。我们观察一段脚本程序,并将其简单划分为几个部分,可以发现一段程序大致分为以下三部分,如图 8-11 所示。

第一部分为程序的准备阶段,所做的工作大致为导入一些必要的类库、进行文件操作、记录执行时间、初始化脚本等操作。

第二部分是程序的核心部分,也是整个框架工作的核心部分。第二部分的代码就是脚本中对网页进行操作、进行测试的部分,这一部分的代码一般是由基础脚本这一模块自动生成的。

第三部分是程序的末尾部分,主要功能是做一些脚本程序执行完毕后的收尾工作。

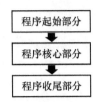

由以上对一般程序的大致分析可以发现,脚本的第二部分由测试框架自动生成。因此,不同网页的测试脚本不同,而测试脚本之间的区别就在于第二部分的测试脚本内容,第一部分和第三部分的内容在相同项目的一轮测试中一般是相同的。本着复用的思想,这些相同的代码(如导入类库、设置执行环境及执行条件等部分代码)可以在每个测试项目的执行代码管理中由测试人员进行设置并在其中保存,并在不同的测试脚本中使用。

图 8-11　一般程序的三段结构

第一部分的代码对应执行前代码,第三部分的代码则对应执行后代码。在实际执行过程中,框架将预先保存的、内容相同的公共代码与实际测试中需要的、自动生成的测试代码组装起来,组成一个完整的、可执行的脚本程序。

ATF 支持多种脚本语言,在本节中,我们以 Groovy 脚本为例来解释执行代码管理的功能。Groovy 运行在 Java 虚拟机(JVM)上,可以作为 Java 平台的脚本语言。ATF 目前运行在 Java 平台上,而 Groovy 由于其运行在 Java 虚拟机上的特性,可以很好地与 Java 代码相结合,也可以直接使用 Java 语言编写的库。

图 8-12 所示为实际测试系统中执行代码管理模块的截图。

图 8-12　执行代码管理模块

以下是一段实际测试中使用的执行前代码:

```
import control.core.ScriptExecuteTools
import control.impl.web.selenium.Dialog_SeleniumImpl
import control.impl.web.selenium.ScriptExecuteToolsInit
import control.impl.web.selenium.WebButton_SeleniumImpl
```

```
import control.impl.web.selenium.WebEdit_SeleniumImpl
import org.openqa.selenium.WebDriver
import java.util.Date
import static constants.enumdefs.CaseRunFailCause.*
import static constants.enumdefs.CaseRunStatus.*
import run.batch.robot.*;


    def helloWithoutParam(WebDriver driver,
                          File reporterFile,
                          File elementLibFile,
                          File objectLibFile){
      ScriptExecuteToolsInit.init(reporterFile, driver);
      ScriptExecuteTools.objectRepository.LoadFromFile(elementLibFile,
objectLibFile);
      Date startTime = new Date();
      ScriptExecuteTools.Reporter.SetStartTime(startTime);
```

下面对部分语句进行介绍。

```
import org.openqa.selenium.WebDriver
```

这一语句的作用是导入 Selenium 2.0 的 WebDriver API。WebDriver API 集成在 Selenium 2.0 中，提供了更简洁的 API。它不依赖于任何特定的测试框架，因此它可以在单元测试项目中使用。

```
import java.util.Date
Date startTime = new Date();
ScriptExecuteTools.Reporter.SetStartTime(startTime);
```

这一部分代码显然是对时间进行操作。ATF 测试框架执行脚本之后可以自动生成执行记录单。执行记录单中的时间信息是一个测试流程中非常重要的信息，在执行之前应在公共代码中对时间进行初始化。

```
    def helloWithoutParam(WebDriver driver,
                          File reporterFile,
                          File elementLibFile,
                          File objectLibFile){
      ScriptExecuteTools.objectRepository.LoadFromFile(elementLibFile, objectLibFile);
```

这一部分代码定义了一个 Groovy 函数，参数是 WebDriver 类型的 driver，文件类型的报告文件、元素库文件、对象库文件。之后将元素库、对象库在代码中导入。

以下是一段实际测试中使用的执行后代码：

```
Date endTime = new Date();
    long processTime = (endTime.getTime() - startTime.getTime())/1000;
    ScriptExecuteTools.Reporter.SetEndTime(endTime);
    ScriptExecuteTools.Reporter.SetProcessTime(processTime);
```

```
      ScriptExecuteTools.Reporter.SetExeStatus(Passed);
}
```

可以看到,这一部分代码在测试脚本执行完成后进行测试结束时间和测试持续时间的记录,并将记录单的状态设置为测试通过。

整个执行前代码与执行后代码将测试框架生成的脚本包裹在中间,形成了一个可完整执行的程序。程序的功能由测试框架中的脚本配置决定。这些公共代码进行了复用,避免了测试人员在测试过程中重复编写代码。当然,ATF 支持多种脚本语言,本节仅以 Groovy 语言作为示例,这一部分的代码可以根据实际需求进行内容或者语言类型的修改。

8.4 基 础 脚 本

8.4.1　基础脚本的参数化原理

ATF 支持数据驱动脚本的功能,即测试数据不放在测试脚本中,而是由数据中心统一管理,实现测试脚本和测试数据的分离,方便脚本的维护。数据驱动是通过参数化实现的,即测试脚本中的参数不是固定值,而是与数据中心的数据表格作关联,在数据表格中配置具体数据,这个与数据表格作关联的过程称为测试脚本的参数化。ATF 支持批量自动参数化操作。

脚本管理功能实现 TCDL(测试用例描述语言)脚本语句的生成、解析、批量处理(参数化),根据数据生成用例脚本,生成目标代码等,是 ATF 工具中的核心。

语句样例如下。

对象操作:Ui("uiname").WebEdit("eleName").Set(datatable("elemenname"))。即需要支持连续函数调用,调用一个构造函数返回一个对象,再继续调用返回对象的函数。

直接函数调用:funName("abcd")。

工具类的静态函数调用:Reporter.Log("dfs")。

函数的参数可以为零个,可以为多个,多个参数以逗号分隔。每个参数为一个表达式,表达式支持以下类型及其组合。

原子值:字符串常量(包含双引号),小数,整数,布尔值(true/false)。

变量名:用于引用变量的值。

工具类的属性(类似于 Java 中类的静态编写):格式如"类名.属性"。

四则运算:+、-、*、/。

字符串拼接:&。

函数调用:1+add(2,4)。

改变优先级:()。

逻辑运算符:and、or。

序列:用[]包含,参见 JSON 格式或 Python 数组的设计,代表数组或链表的数据结构。

字典:格式为{"key":"value","key2":"value2"},代表键值对集合。

变量类型处理：变量为弱类型，即不需要指定类型，编译器自行猜测变量类型。

获取数据的相关函数如下，数据中心的数据分为几种，不同数据池中数据的生命周期和作用域不同。

① 数据表格中的数据：Data. TableColumn（"列名"）。

② 流程用例数据池，流程用例的各节点可以共享：Data. Flow（"数据名"）。Data. CaseNode（"节点名"，"数据名"）指定流程节点中的流程数据。

③ 场景中的配置数据：Data. Scene（"数据名"），只读，只能配置。运行时不可修改场景中的共享数据 Data. SceneGlobal（"数据名"），运行时可读写组合用例中的数据。

④ 环境数据：Data. Env（"数据名"），内置变量名，值不可修改，用于获取操作系统名称等。

⑤ 数据生成器：随机数值，随机字母，当前日期。

⑥ 内置函数列表：字符串处理，日期处理，流式函数调用。

TCDL 有两种，一种是调用元素库中的对象操作方法，一种是调用公共的工具方法。

对应对象操作方法调用，支持自动参数化功能。操作方法的参数在"自动化构件管理"的抽象架构中进行了定义：某操作方法有哪些参数，哪些参数需要参数化，参数化后的列名是什么。

自动参数化的处理步骤为：

① 先获取抽象架构中方法参数的配置；

② 如果某参数设置了要进行参数化，则将此参数值改为 Data. TableColumn（"列名"）的形式，表示从数据中心的数据配置表格中的"列名"列获取值。列名由参数化配置指定，并且支持变量替换，替换变量的格式为 ${变量名}，内置的替换变量名有 JSON 格式 {"element"："名称"}等；

③ 如果该参数未配置参数化，则保留原值。

例如：ui（"主页"）. WebEdit（"登录名"）. Set（"dsf"）参数化后变为 ui（"主页"）. WebEdit（"登录名"）. Set（Data. TableColumn（"登录名"））。

8.4.2　目标代码的生成

生成目标代码之前需要先生成用例脚本。用例脚本的生成过程为：先分析模板脚本中的代码，然后依次处理各语句，语句类型为对象方法调用。

获取方法的参数：

① 方法无参数时，如果未设置@display，则直接输出原语句；如果设置了@display，则根据 DataTable 中的值进行判断，若 DataTable 中值不为空，则输出原语句，为空则不输出。

② 方法有参数时，依次分析各参数表达式，在参数表达式中依次分析各原子值，原子值类型为：

a. 常量值，则直接输出；

b. 固定值获取（流程变量、场景变量、内部变量），则直接输出；

c. 参数化数据表格中的值 Data. Table（"列名"），则从数据表格中获取参数值，获取后根据不同情况进行处理。

参数值的处理如下。

留空：则不输出此语句，但是要输出步骤编排中的步骤。

空值（nil）：参数值取空字符串""。

Null：程序中的 Null 值。

{expr＝}表达式：检查是否符合规范，符合的直接输出，不符的报错。

常量值：默认为常量字符串。

编排步骤的处理：

以---分隔的表示在步骤前插入还是在步骤后插入，可以编写任意的 TCDL 语句，但是表达式中的参数不能再写参数化到数据表格。

目标语言生成具体执行时才即时生成。

对象方法调用：

固定值不可修改，实际上是取固定配置。非固定值可配置，即可进行参数处理。数据池除了运行时的变量（流程数据、用例内变量），其他的为可确定的值，换成具体值。数据类型支持序列和字典。目标代码参数替换的形式为 $\{参数名\}$，替换成传入的参数值。

参数值为常量值的，直接替换，字符串加""，数值直接输出，序列和字典根据不同语言替换成对应语言的形式。

参数值为表达式的，将表达式中确定的量改为固定值，将不固定的量（目前只有用例内部产生的变量）改为对应语言的，注意数据类型识别。

8.5　执行机管理

进入 ATF 首页，单击"系统管理"→"执行机管理"，便可在页面上查看目前所有正在启用中的执行机的信息，如图 8-13 所示。

图 8-13　执行机管理页面

在执行机管理页面中选中一台执行机，单击"日志查看"，便可实时查看执行机运行时的日志，如图 8-14 所示。

在执行机管理页面中，单击"执行机安装包下载"即可下载 zip 格式的执行机安装包，将安装包解压以后，按照文件夹内"执行机说明"的指示即可使用执行机，如图 8-15 所示。

图 8-14　查看执行机日志

图 8-15　执行机安装包内的文件

8.6　用户权限

ATF 权限设计采用基于角色的访问控制,针对不同的角色进行权限控制,避免因权限控制缺失或操作不当而引发风险问题。系统在原有基础上增加一个系统管理分页,分页中包含企业管理、角色管理、系统菜单以及用户管理页面,如图 8-16 所示。

图 8-16　系统管理分页

其中企业管理管理着 ATF 系统中所有的注册企业,在此页面可以新增企业、编辑企业、查看企业详情等;角色管理管理着 ATF 系统中所设定的角色,以及各个角色相应的权限授予;系统菜单展示 ATF 系统中所有的菜单及其相应的权限路由,供用户查看系统中的页面权限列表;用户管理管理着系统中所有的用户。

系统角色主要分为超级系统管理员、系统管理员、项目经理、功能测试人员、技术支持人员。部分角色之间的关系如图 8-17 所示。

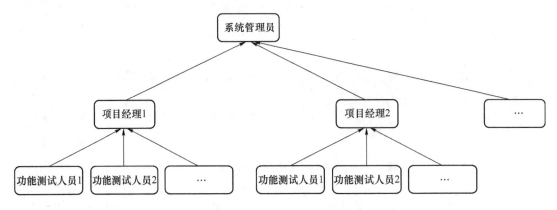

图 8-17　部分角色之间的关系

超级系统管理员是系统中固定的一个角色,有超级权限,可进行权限管理操作,拥有着不同企业管理员的查看和添加审批权限,管理角色和菜单的增删改查权限,并为不同企业提供固定的自动化构件库。

系统管理员是面向企业的一个角色,除了可进行基础的系统页面的增删改查操作,还可进行权限管理操作,拥有所在企业系统用户的查看权限,并控制着项目经理角色的审批权限,可为不同角色赋予相应的菜单权限,同时拥有着全部项目的增删改查权限。

项目经理管理着一个项目组,对应用户的添加/修改要经过系统管理员的审批,该角色拥有自己项目组中用户的查看权限,负责用户添加和修改的审批工作,但本身没有增加、删除、修改组中用户信息的权限,同时,其拥有自己所在项目组所有项目数据的增删改查权限。

功能测试人员在一个项目组中只拥有本身信息的添加、查看和修改权限,其添加要经过所在项目组项目经理的审批,该角色拥有自己所在项目组所有项目数据的查看权限,但只拥有自己所负责项目的添加、修改和删除权限。

技术支持人员是面向系统底层的技术人员,对应用户的添加和修改要经过系统管理员的审批,其只拥有自动化构件页面的增删改查权限。

第9章　ATF 项目测试流程

9.1　测试基础设施的维护

9.1.1　自动化构件的维护

在 ATF 自动化测试系统中，自动化构件由系统初始化，进行多层级构建，封装了常用的 Web 端的控件类型和相应的控件方法。

控件类型即 Web 页面中常用的控件，如 webedit、webbutton 等。每个控件都有英文名称、中文名称、描述、默认方法、继承标志、继承可见性和相关属性，如图 9-1 所示。

英文名称	webedit	中文名称	输入框
描述		默认方法	set
继承标志	自身控件	继承可见性	公共

控件类型

图 9-1　控件类型

控件方法即控件类型对应的操作方法，如 webedit 的 set 方法、webbutton 的 click 方法等。每个方法都有名字、描述、继承关系、继承可见性、参数列表和对应的目标代码，如图 9-2 所示。

同时，随着 Web 前端技术的发展，页面元素越来越多样化，可以将共有的控件类型和控件方法添加到自动化构件里进行整体维护，这样在进行 Web 被测系统测试的时候，被测系统可以继承现有的自动化构件，避免了重复控件类型和控件方法的编写。

9.1.2　元素库的维护

在 ATF 自动化测试系统中，根据被测系统的业务功能划分出不同的功能点，每个功能点对应 Web 页面中相应的处理流程，每个功能点都会创建一个元素库，用于存储该功能下

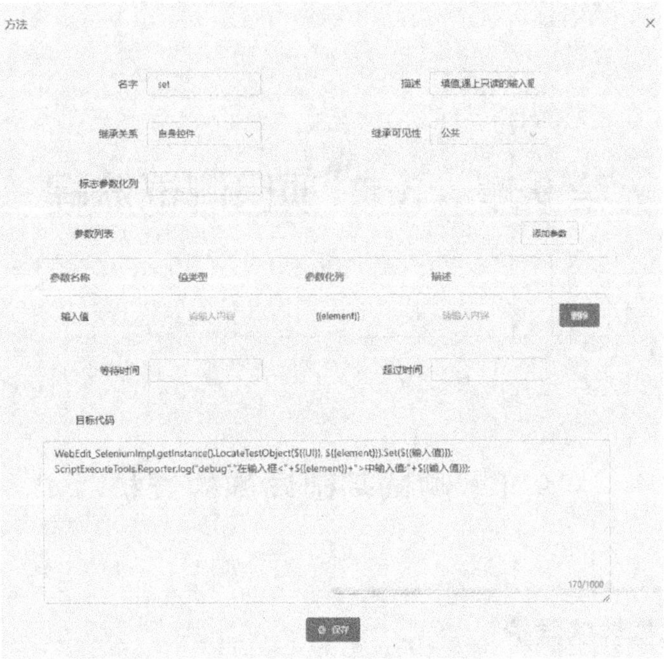

图 9-2　控件方法

的 UI 和元素,元素列表如图 9-3 所示。随着业务需求的后续添加或修改,可以在原有元素库的基础上添加新的 UI 和元素或者修改原有 UI 和元素,以适应新的功能修改的测试需求。

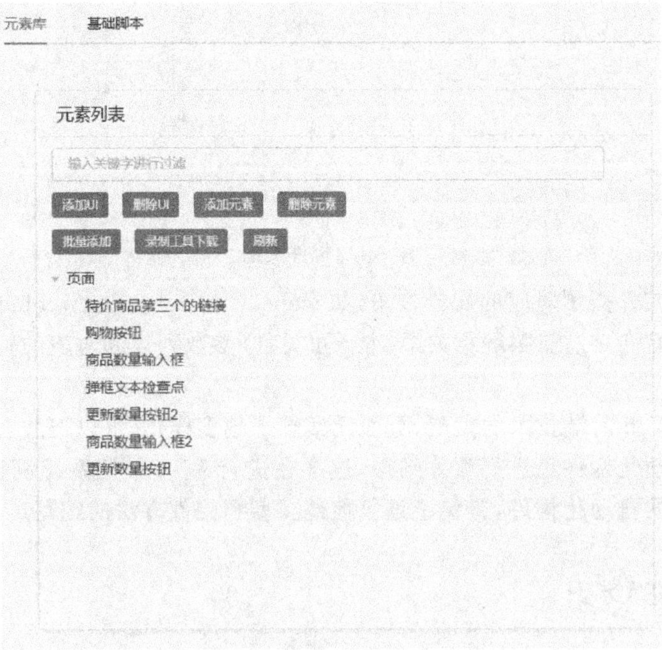

图 9-3　元素库的元素列表

9.1.3　基础脚本的维护

在 ATF 自动化测试系统中,每个被测系统功能点下会创建一个或多个基础脚本,用于设置对该功能点元素的操作流程,如图 9-4 所示。

图 9-4　基础脚本数据配置界面

9.2　测试项目的建立与管理

ATF 自动化测试项目中将测试流程分解为一个个的测试项目,每个测试项目都包含多个测试用例、测试脚本等数据。测试工作也是从某个测试项目开始的。

测试项目管理系统包含的功能有添加测试项目、修改测试项目、管理功能点、对测试项目进行批量查询和模糊查询,其界面如图 9-5 所示。

单击页面上方的"添加"按钮,就可以建立一个新的测试项目。如图 9-6 所示,需要在测试项目名称输入框中填写该项目的语义化名称,项目名称要能体现进行该项目的目的或者目标。测试项目编号一般用一串数字来表示,如与日期相关的编号或者与系统相关的编号。描述用来详细地描述该项目,包括该项目的发起人,要测试的系统、功能点,以及该项目的执行时间等。项目时间一般用来声明该项目的开始时间与结束时间。

已存在的测试项目也可以进行修改。为了方便查找测试项目,ATF 提供了按条件检索相应测试项目的功能。我们可以根据测试项目的名称等查找符合要求的项目。具体地,在输入框中输入要查找的关键字,可以是项目名称或者项目编号,系统会筛选出符合条件的测试项目。如图 9-7 所示,本系统中使用的是模糊查询方法,包含相应关键字的测试项目都可以被查找出来。

图 9-5 测试项目管理

图 9-6 添加测试项目

图 9-7 测试项目查询

9.3　测试用例管理

1. 添加用例

单击功能按钮组的"添加"按钮,打开添加用例的模态框,可以选择添加单用例或流程用例,然后配置用例名称、所属被测系统、功能点、基础脚本、用例性质等信息,完成用例的添加,图 9-8 展示的是单用例的添加,图 9-9 展示的是流程用例的添加,配置流程用例时可以为流程用例添加多个流程节点。

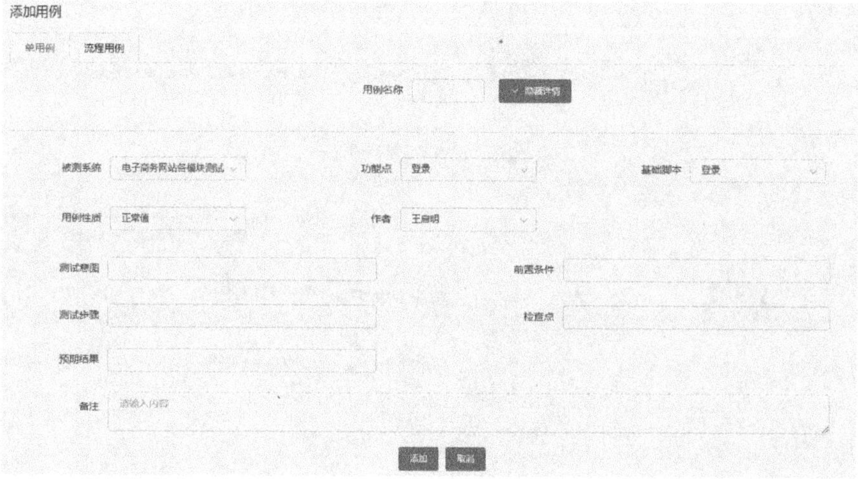

图 9-8　添加单用例

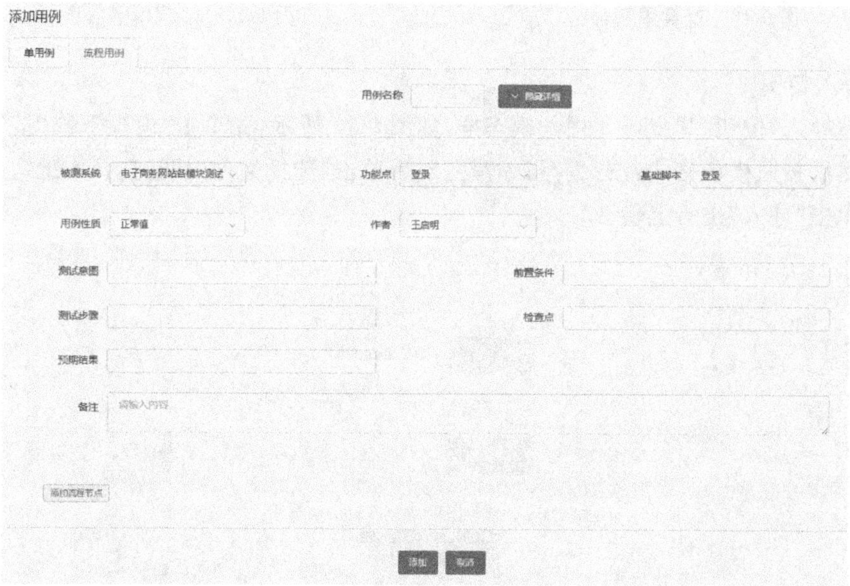

图 9-9　添加流程用例

2. 查看和修改用例详情

单击表格指定行的"查看"按钮,会弹出用例详情模态框,如图 9-10 所示,可以查看该用例的详情。单击右侧的"修改"按钮,打开修改模态框,如图 9-11 所示,可以修改相应的用例属性,单击此页面中的"修改"按钮,可对修改操作进行保存。

图 9-10 查看用例详情   图 9-11 修改用例信息

3. 导入用例

单击"导入"按钮,弹出导入用例模态框,如图 9-12 所示,先单击"模板下载"按钮下载用例模板,然后按照模板格式进行编写,编写完成后单击"选择文件"按钮选择本地写好的用例文件,再单击"导入"进行上传。

图 9-12 导入用例

4. 导入记录

单击"导入记录"按钮，进入导入记录页面，如图 9-13 所示，可以查看用例的全部导入记录，可以根据上传者、导入状态、上传时间进行条件筛选。单击上方的"导入"按钮可以进行用例的导入，单击"返回"按钮可以返回上一级页面。

图 9-13　导入记录

5. 导出用例

如图 9-14 所示，先在表格中选中想要导出的用例，再单击页面上方的"导出"按钮，即可完成用例的导出操作，系统支持单个导出和批量导出。

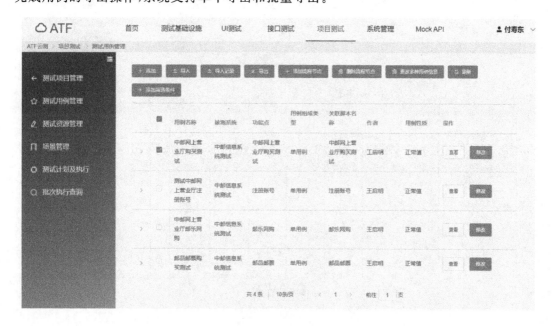

图 9-14　导出用例

6. 更改多种用例信息

首先在表格中选中需要更改执行方式的用例,然后单击页面上方的"更改多种用例信息"按钮,可以进行被测系统、功能点、基础脚本、用例性质的更改,如图 9-15 所示。

图 9-15　更改多种用例信息

7. 添加流程节点

选中流程用例,可以为流程用例添加流程节点,如图 9-16 所示,同添加流程用例时节点的配置。

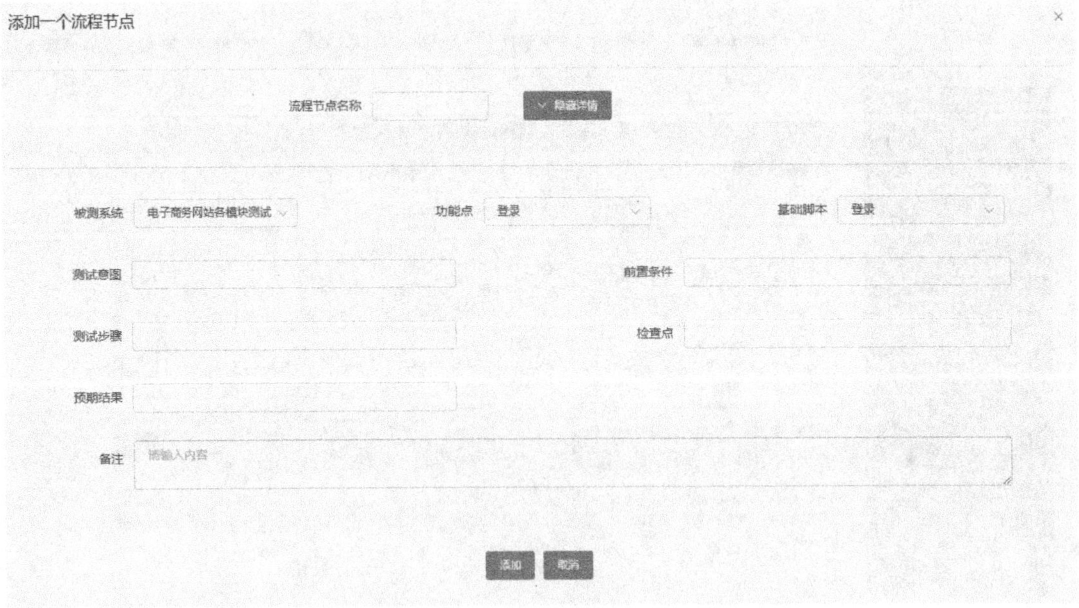

图 9-16　添加流程节点

8．删除流程节点

如图 9-17 所示，选择指定的流程节点，单击"删除流程节点"按钮，即可删除指定的流程节点。

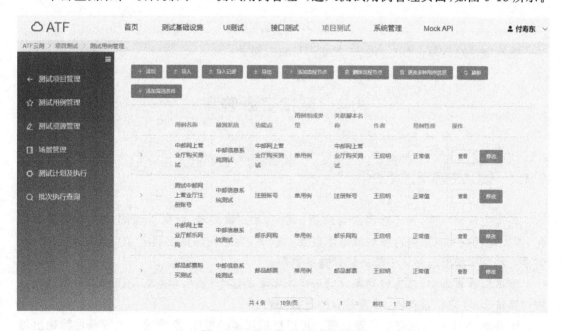

图 9-17 删除流程节点

9．筛选用例

单击左侧菜单"项目测试"→"测试用例管理"，进入测试用例管理页面，如图 9-18 所示。

图 9-18 进入测试用例管理页面

单击"添加筛选条件"按钮,展开筛选条件面板,如图 9-19 所示,用户可根据实际情况添加多组筛选条件,可以选择被测系统等筛选条件,根据筛选操作与比较值取值的不同进行用例的筛选。

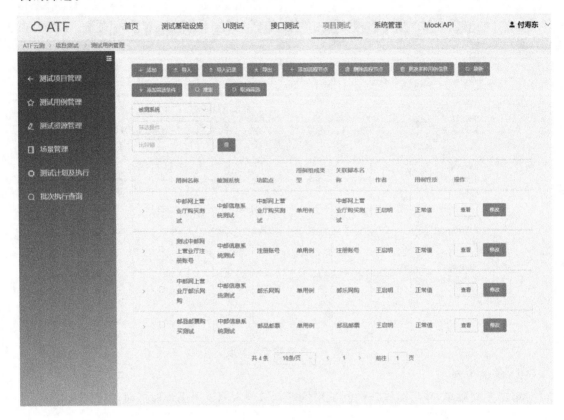

图 9-19　筛选用例

查询完成之后单击"取消筛选"按钮即可收起筛选。

9.4　测试资源管理

9.4.1　测试资源管理简介

编写完测试用例,并且已经准备好测试数据和测试脚本,就可以对测试脚本进行参数化,参数化后就拥有了进行测试的基本资源。这时,为了在测试前将各个资源结合起来,就需要在测试资源管理系统中统一管理这些资源。

测试资源管理中,首先根据条件筛选出所需要的多个项目,然后在给出的项目中选择特定的系统、功能点以及脚本,查看对应的资源列表。

图 9-20 所示是测试资源的筛选项。可以根据用例的属性、所属的系统等条件筛选出相应的项目。

图 9-20　测试资源的筛选项

选择相应的测试项目之后,就可以查看其中的测试资源列表。资源列表中有以下几个方面:查看脚本、用例编号、测试点、测试意图、测试步骤、预期结果等。如图 9-21 所示。

#	查看脚本	用例编号	测试点	测试意图	测试步骤	预期结果	检查点	[公共函数集]-[获取URL]	[ul列表控件]-[报刊图书u 例表4]
0	查看脚本	中邮网上营 业厅购买测 试	1	测试中邮 网上营业 厅是否能 够正常购 买相应商 品	获取URL>报刊图书>杂志分 类>刊期为周刊>选择瞭望新 闻周刊>选定为2020年>选择 北京市>选择海淀区>加入购 物车	顺利加入购物车	原页面瞭望新闻周刊	https://11185.cn/web/#/in dex	y

图 9-21　测试资源列表

9.4.2　测试资源编辑

ATF 项目的测试资源列表实现了类似于 Excel 的功能,可以实现批量的复制、剪切、粘贴功能,方便用户进行数据编辑工作。同时,ATF 项目提供了对脚本内容进行编辑的功能,通过单击可编辑的单元格,可实现对单元格内脚本内容的编辑。

在编辑界面中,可以直接编辑脚本的内容,也可以为测试脚本添加前置操作与后置操作。编辑界面如图 9-22 所示。

编辑的数据有 4 种类型可以选择:文本、空文本、去除语句和表达式。下面逐一介绍 4 种类型。

文本:可以在输入框中输入常见的字符串文本。

空文本和去除语句:可以将系统固定的文本填充到数据表格中。

表达式:可以在表达式中插入数据或者函数。插入数据如图 9-23 所示。

数据取自数据池中,有如下几种类型:用例内部变量、流程用例数据、组合用例数据、场景数据、全局数据、环境数据等。单击确定后,就会自动补充在表达式输入框中。图 9-24 所示是插入了一条用例内部变量之后的文本。

如图 9-25 所示,也可以向表达式中插入函数,选择相应的函数名称,并填写各个参数之后,系统会向表达式输入框中自动填充相应的内容。

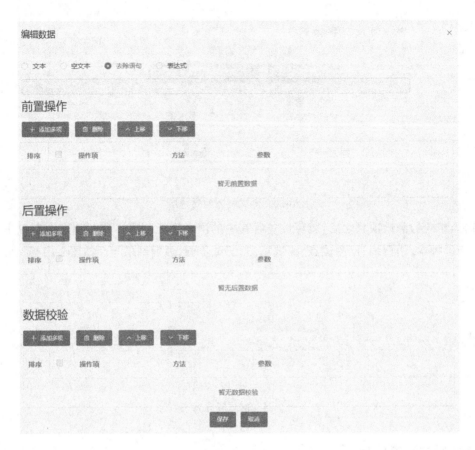

图 9-22　编辑界面

编辑数据

○ 文本　　　○ 空文本　　　○ 去除语句　　　● 表达式

{expr=　请输入内容　　　　　　　　　　　　　　　}　　　插入数据　插入函数

图 9-23　插入数据

{expr=　var("data")　　　　　　　　　　　　　}　　　插入数据　插入函数

图 9-24　插入用例内部变量

{expr=　click("login")　　　　　　　　　　　　}　　　插入数据　插入函数

图 9-25　插入函数

还可以通过添加操作项的方式向表达式中添加前置操作与后置操作。首先,单击编辑页面中的"添加多项"按钮,会弹出图 9-26 所示的操作框。操作框的上侧是由 UI 和 UI 所包含的元素组成的树结构,下侧是在系统配置中所配置的函数集合。

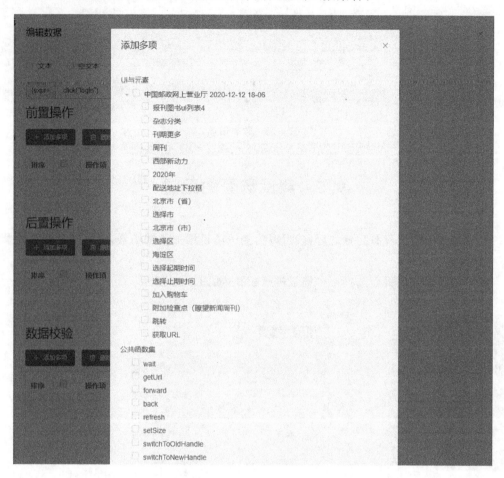

图 9-26 选择操作项与方法

如图 9-27 所示,选择了要添加的操作项后就会在操作项列表中新增一条记录。我们可以对这条记录进行修改、删除以及拖动排序等操作。

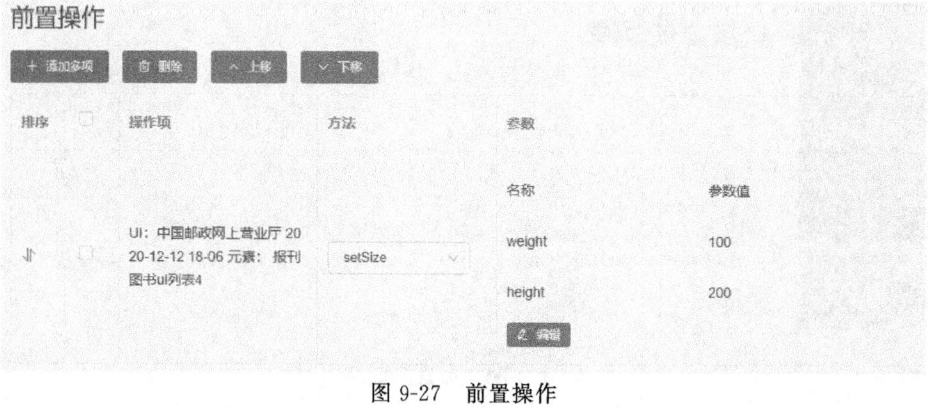

图 9-27 前置操作

完成前置操作、后置操作的配置后，单击"保存"按钮，系统就会向数据表格中回填相应的内容，如图 9-28 所示。

#	查看脚本	用例编号	测试点	测试范围	测试步骤	预期结果	检查点	[公共函数集]-[获取URL]	[ui列表控件]-[报刊图书u例表4]
0	查看脚本	中邮网上营业厅购买测试	1	测试中邮网上营业厅是否能够正常购买相应商品	获取URL>报刊图书>杂志分类>刊期为周刊>选定为2020年>选择被塑新闻周刊>选为2020年>选择北京市>选择海淀区>加入购物车	顺利加入购物车	原页面确望新闻周刊	https://11185.cn/web/#/index	@before setSize("100","200"); @value y @after wait("1000");

图 9-28 数据回填

9.5 测试场景的配置

完成基本的测试资源配置之后，就可以为测试项目添加测试场景，还可以为测试场景添加一些配置。

首先在场景管理页面选择一个场景进行配置，如图 9-29 所示。

图 9-29 选择场景进行配置

场景配置界面如图 9-30 所示。

图 9-30 场景配置

在场景配置界面中,可以进行以下操作:添加用例、移除用例、设置定时执行、管理定时任务、触发器设置、执行过程控制、数据资源池配置以及保存顺序等。

9.5.1　配置测试用例

可以根据当前测试的需求为场景添加测试用例。单击场景配置界面上方的"添加用例"按钮,打开用例选择界面,在该界面中选择要添加的测试用例,便可向当前场景中添加测试用例,如图 9-31 所示。

图 9-31　添加用例

如图 9-32 所示,也可以移除场景中已经存在的用例。

图 9-32　移除用例

9.5.2　设置定时执行

如图 9-33 所示,在场景中,可以设置该场景的定时执行。设置了定时执行后,可以指定在特定的时间条件下执行测试任务。

9.5.3　管理定时任务

ATF 支持对定时任务进行管理,可以更新、取消以及立刻发起对定时任务的执行,如图 9-34 所示。

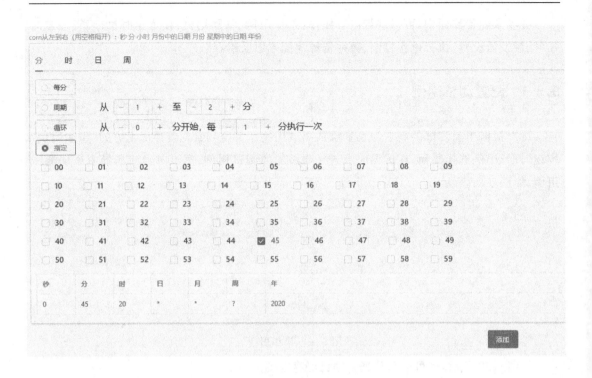

图 9-33   设置定时执行

图 9-34   管理定时任务

9.5.4   触发器设置

在测试场景中,可以通过设置该场景的触发器来指定某些测试用例在符合触发条件时自动执行。场景中配备了触发器管理系统,可以进行触发器的新增、删除和修改,具体如图 9-35 所示。

图 9-35   触发器设置

单击"新增"按钮,将弹出新增触发器的界面。在编辑页面中,需要填写如下几个方面的数据:触发器名称、触发器描述、执行时机、执行条件、执行动作等,如图 9-36 所示。

图 9-36　新增触发器

触发器名称表示该触发器在管理系统中的名称。

触发器描述处填写对该触发器的详细描述,包括用途、场景、大致的执行条件等内容。

执行时机用来配置触发器在何时被执行,可选项包括如下几种。

① 场景执行前:在所在的场景执行之前执行。

② 场景执行后:在所在的场景执行之后执行。

③ 用例执行前:在指定的用例执行之前执行。

④ 用例执行后:在指定的用例执行之后执行。

⑤ 元素对象方法执行前:在元素对象方法执行之前执行。

⑥ 元素对象方法执行后:在元素对象方法执行之后执行。

执行条件可以实现配置触发器在特定条件下触发执行。有三种条件组合:满足以下所有条件、满足以下任一条件和无条件限制。

执行动作用来配置触发器执行时所执行的具体脚本指令,可以指定不止一个动作。

9.5.5　执行过程控制

如图 9-37 所示,在测试场景中,可以通过设置该场景执行过程中的策略来决定在执行过程中的行为。

图 9-37　执行过程控制

执行策略有如下几个级别：用例级、流程节点级、组合用例级、错误处理模式。

用例级：可以设置执行状态策略。

流程节点级和组合用例级：可以设置起始节点（用例）策略、执行顺序策略和执行状态策略。

错误处理模式：可以设置出错后如何处理。

9.5.6　数据资源池配置

在测试场景中，可以进行数据资源池配置，如图 9-38 所示。

图 9-38　数据资源池配置

单击"新增"按钮，可以新增数据池，如图 9-39 所示。

此外，还可以对数据进行修改和删除。

完成了以上各个项目的配置，就基本完成了测试场景的配置。接下来就可以针对该场景执行测试的后续步骤了。

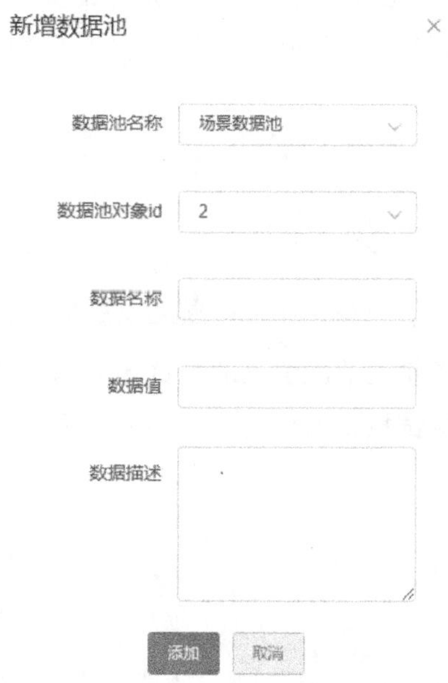

新增数据池　　　　　　　　　　　　　　×

数据池名称　　场景数据池

数据池对象id　2

数据名称

数据值

数据描述

添加　　取消

图 9-39　新增数据池

9.6　测试计划及执行配置

发起测试之前应该对测试计划及执行进行配置。测试计划代表一次完整的测试过程中所包含的所有测试对象和测试流程。每个测试计划包括测试阶段、测试轮次以及包含在该计划中的测试用例,既可以对某个完整的场景进行测试,也可以手动添加若干测试用例。具体操作页面如图 9-40 所示。

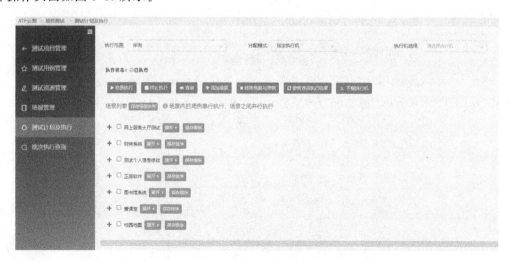

图 9-40　测试计划及执行配置页面

在执行某个测试计划之前,还需要对执行范围进行配置,执行范围代表本次执行要对计划中的哪些用例进行测试,如图 9-41 所示。

图 9-41　执行范围配置

单击"添加场景"按钮可以将之前配置过的测试场景内的所有用例打包添加到测试中,在场景列表中可以查看等待测试执行的用例,如图 9-42 所示。

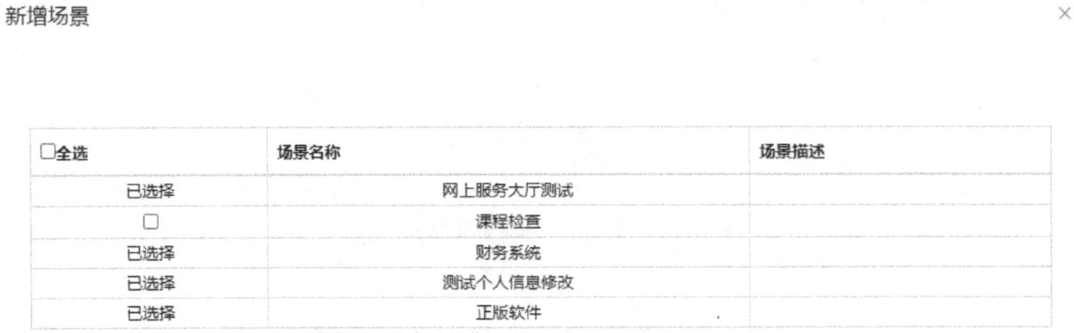

新增场景   ✕

□全选	场景名称	场景描述
已选择	网上服务大厅测试	
□	课程检查	
已选择	财务系统	
已选择	测试个人信息修改	
已选择	正版软件	

图 9-42　新增场景界面

确定好执行用例后,单击"批量执行"按钮,用例将按照配置好的执行计划在执行机中进行测试。

执行完毕后可以通过单击用例旁边的"查看"按钮查看执行结果记录,如图 9-43 和图 9-44 所示。

图 9-43　节点与执行状态

图 9-44　执行结果

9.7　执行机调度管理

执行测试后,系统将待执行的测试计划分配至后台的执行机进行测试,具体过程如图 9-45 所示。

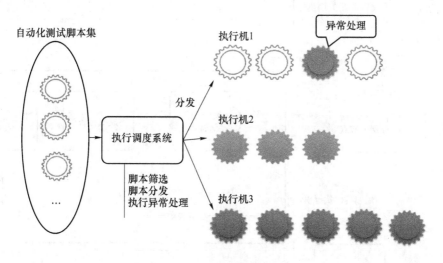

图 9-45　测试执行机分配

后台的执行调度系统将完成脚本筛选、脚本分发、执行异常处理等一系列任务,最终生成执行记录,返回至执行记录管理系统中。

执行调度和资源管理模块的功能如下。

① 根据执行策略为批量执行生成待执行的用例执行实例队列,包含的信息有执行阶

段、测试轮次、执行轮次(执行号)、运行次数、轮次对记录单的管理方案、用例 id、用例类型（单用例、流程节点）、分发组号(为空表示可单独取此执行实例进行执行,不为空表示需要跟后面的执行实例一起执行,即一次获取多个执行实例)。对于标注为必须在一台执行机上执行的,可以一次全部获取过去。执行阶段、测试轮次、执行轮次确定了一次批量执行的发起,输出信息还要包括此次执行的用例分发策略、可用的执行机节点列表。

② 当接收到批量执行请求时,传给生产者的参数有执行场景 id 列表、是否全部执行、执行选择策略、错误处理策略。生产者从数据库中读取用例列表、选择状态、执行选择策略、错误处理策略、时间规划等,生成待执行列表,对于需要等待上一用例执行结果的,则等待执行结果返回后再进行生产。

③ 根据待执行实例生成对应的执行资源,包括代码、依赖包,包含的信息有:被测系统类型、记录单中要求的项、初始化记录单(执行代码、报文、参数实体类)等。

④ 网关系统任务分发。负载均衡网关系统负责监控执行机状态、待执行用例队列状态、执行记录管理系统消息,满足相关条件时执行的任务有:通知生产者 1 执行实例的执行结果,生产者 1 进行后续处理;待执行用例队列不为空时监控该执行轮次可用的执行机状态(定期和接收通知),若执行机可用,则分发用例给它执行。任务分发最终将支持多种分发策略和算法。

批量执行总体过程如图 9-46 所示。

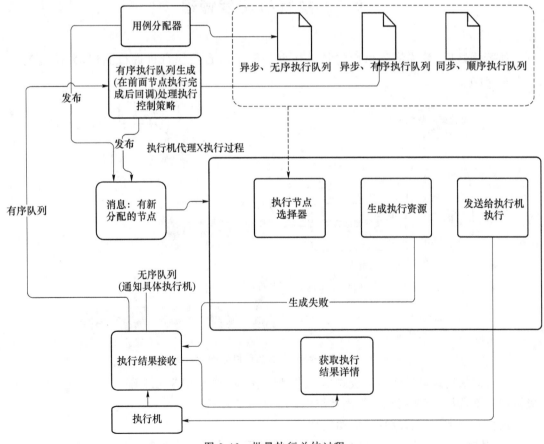

图 9-46　批量执行总体过程

9.8　批次执行查询

执行实例记录分类如表 9-1 所示。

表 9-1　执行实例记录分类

来源编号	来源	是否入库保存	执行类别	定位方式
1	直接加入测试阶段和测试轮次的用例	是	正式执行和调试	测试阶段＋测试轮次＋用例 id
2	加入场景后再加入测试阶段和测试轮次的用例	是	正式执行和调试	测试阶段＋测试轮次＋场景 id＋用例 id
3	加入场景的用例	是	调试	场景 id＋用例 id
4	用例脚本编写阶段,调试时生成的临时实例	否	调试执行	用例 id
5	模板脚本编写阶段,调试时生成的临时实例	否	调试执行	模板 id＋数据名称
6	仅加入测试阶段的用例,作为辅助查询,不能执行或调试	是	不可执行	测试阶段＋用例 id
7	仅加入测试阶段场景,作为辅助查询,不能执行或调试	是	不可执行	测试阶段＋场景 id＋用例 id

入库的执行实例(场景中的执行实例)的执行记录单通过用例执行实例 id＋执行轮次＋执行次数(可选)区分。不入库的临时执行实例(用例脚本调试、模板脚本调试)需要保存记录单,通过来源渠道＋用例 id＋模板 id＋数据名称＋执行轮次＋执行次数(可选)区分。

每个用例可以上传多个记录单,若用例有上传的记录单并且没有未解决的问题单,则执行成功;若有未解决的问题单,则执行失败;无记录单且没有未解决的问题单算未执行;流程用例只有部分节点执行成功算未完成。

批次执行查询具体可以查看以下信息:

① 发起用户;

② 用例来源;

③ 测试计划;

④ 执行轮次;

⑤ 用例总数;

⑥ 成功用例数;

⑦ 失败用例数;

⑧ 跳过用例数；

⑨ 结果饼状图；

⑩ 执行状态；

⑪ 执行结果；

⑫ 创建时间；

⑬ 完成时间。

单击"查询"即可查看执行结果，如图 9-47 所示。

操作		发起用户	用例来源	测试计划	执行轮次	用例总数	成功用例数	失败用例数	跳过用例数	结果饼状图	执行状态	执行结果	创建时间	完成时间
查看记录单	归档	吴佳轩	测试计划	电子商务网站查询测试	17	2	2	0	0	查看	执行完毕	全部成功	2020-12-17 10:32:3 0	2020-12-17 10:32:5 5
查看记录单	归档	吴佳轩	测试计划	电子商务网站模块测试	16	4	2	2	0	查看	执行完毕	部分成功	2020-12-17 10:30:2 1	2020-12-17 10:31:0 4
查看记录单	归档	吴佳轩	测试计划	电子商务网站模块测试	15	2	1	1	0	查看	执行完毕	部分成功	2020-12-17 10:04:2 4	2020-12-17 10:04:4 8
查看记录单	归档	吴佳轩	测试计划	电子商务网站模块测试	14	2	1	1	0	查看	执行完毕	部分成功	2020-12-17 09:56:0 7	2020-12-17 09:56:3 1
查看记录单	归档	吴佳轩	测试计划	电子商务网站模块测试	13	2	1	1	0	查看	执行完毕	部分成功	2020-12-17 09:45:5 7	2020-12-17 09:46:2 1
查看记录单	归档	吴佳轩	测试计划	电子商务网站模块测试	12	2	1	1	0	查看	执行完毕	部分成功	2020-12-17 09:43:2 7	2020-12-17 09:43:5 0
查看记录单	归档	吴佳轩	测试计划	电子商务网站模块测试	11	2	1	1	0	查看	执行完毕	部分成功	2020-12-17 09:41:2 6	2020-12-17 09:41:4 8
查看记录单	归档	吴佳轩	测试计划	电子商务网站模块测试	10	2	1	1	0	查看	执行完毕	部分成功	2020-12-17 09:39:1 5	2020-12-17 09:39:3 6
查看记录单	归档	吴佳轩	测试计划	电子商务网站模块测试	9	2	1	1	0	查看	执行完毕	部分成功	2020-12-17 09:37:0 9	2020-12-17 09:37:3 3
查看记录单	归档	吴佳轩	测试计划	电子商务网站模块测试	8	2	0	1	1	查看	执行完毕	全部失败	2020-12-17 09:23:5 3	2020-12-17 09:23:3 8

共 18 条　10条/页　< 1 2 > 前往 1 页

图 9-47　批次执行查询

9.9　测试记录单的查看与分析

单击批次执行查询页面中的"查看记录单"按钮可以跳转查看本次执行生成的记录单，如图 9-48 所示。具体可以查看到以下信息：

① 场景名称；

② 执行轮次；

③ 用例编号；

④ 节点名称；

⑤ 记录单状态；

⑥ 执行结果状态；

⑦ 来源渠道；

⑧ 执行报告。

点击查看执行报告可以查看执行场景的执行结果，如图 9-49 所示。

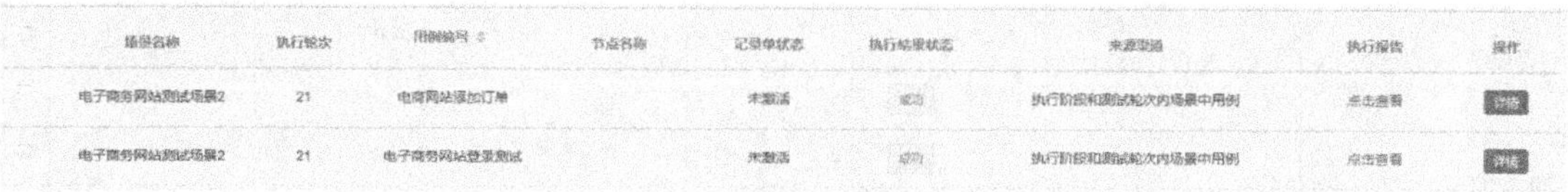

插值名称	执行轮次	用例编号 ▲	节点名称	记录单状态	执行结果状态	来源型追	执行操作	操作
电子商务网站测试场景2	21	电商网站添加订单		未激活	成功	执行阶段和测试轮次内场景中用例	点击查看	详情
电子商务网站测试场景2	21	电子商务网站登录测试		未激活	成功	执行阶段和测试轮次内场景中用例	点击查看	详情

图 9-48　执行记录单

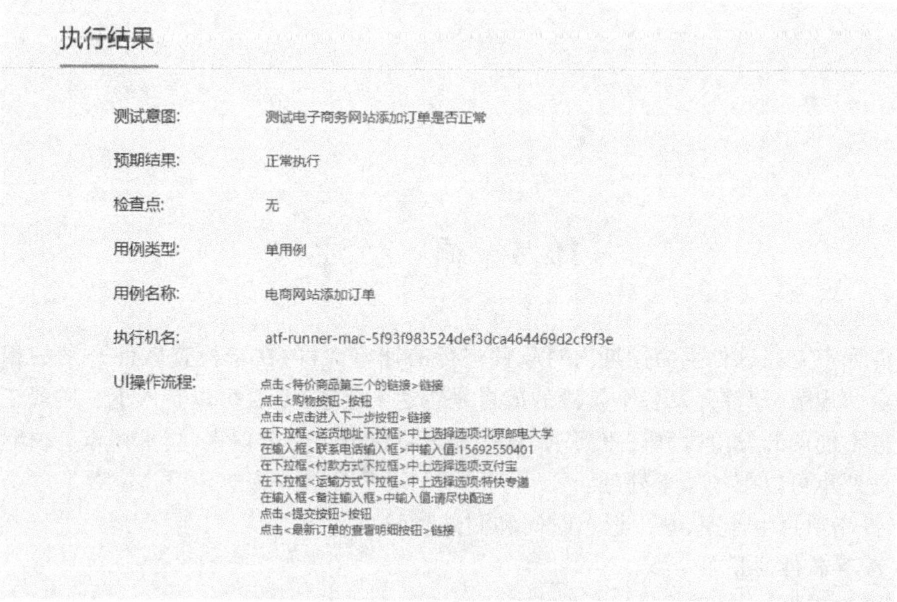

图 9-49　执行结果

9.10　测试结果的统计分析

系统提供了对执行结果记录进行统计的功能。

① 按执行批次统计：可以统计出同一执行批次内的执行成功数、失败数、跳过数、总数、激活记录单数和未激活记录单数。可以选择其中一项或多项进行统计。

② 按执行轮次统计：可以统计出同一执行轮次内的执行成功数、失败数、总数。

第10章 软件评审

10.1 概　　述

软件评审是在软件生命周期内对软件进行的评审,目的在于检查软件开发的相关工作是否齐全和规范,软件开发各个阶段的成果是否达到要求,是否可以转入下一阶段工作等。

根据不同的开发阶段和评审要求,软件评审可以分为管理评审、技术评审、文档评审等。软件评审可以带来如下好处:

- 提高项目生产率,减少返工时间和测试时间;
- 改善软件质量;
- 评审可以代表项目一个开发阶段的完成;
- 评审可以帮助承办方和交办方更好地了解所要开发的项目;
- 评审可以帮助开发人员开发出更易维护的软件,因为评审要求大量的技术文档说明书等描述性文件。

总之,软件评审十分有利于项目的开发。

10.2　软件评审的组织

软件评审可以分为承办方内部组织的内部评审和承办方与交办方共同组织的外部评审。

10.2.1　内部评审

内部评审是承办方组织的软件评审,是进行外部评审前承办方内部的预先评审。一般来讲,内部评审有如下要求:

① 软件开发的每个阶段以及外部评审前必须要有内部评审;

② 由承办方的项目质量管理部门或人员负责组织内部评审;

③ 内部评审的评审组由承办方的相关技术人员、专家、代表等组成,且人数等于或超过

5 人(人数为单数)。

内部评审的形式比较自然,承办方可以选择适合自己的、方便的形式组织内部评审,记录软件产品的问题,并修改问题,待内部评审通过后提出外部评审申请。

10.2.2　外部评审

外部评审是由承办方和交办方共同组织,交办方对承办方提交的阶段软件工作成果进行的评审。外部评审也可以由交办方委托第三方机构进行。一般来讲,外部评审有如下要求:

① 内部评审通过后方可进行外部评审;

② 外部评审要落实评审委员会预先评审和正式外部评审会议两个步骤;

③ 外部评审的评审委员会由交办方决定,一般由交办方、承办方、第三方评审机构、用户方等的相关技术人员、管理人员、专家、代表等组成,一般人数等于或超过 5 人(人数为单数)。

外部评审是较为正式的评审,需要交办方组织起正规的流程,按部就班地进行评审。外部评审的结果公布后,承办方再根据评审结果决定是转入下一阶段工作还是对阶段产品进行回炉重造。

外部评审的形式比较正式,因此有着正式的流程步骤,如下。

(1) 提出外部评审申请

承办方在内部评审通过后,向交办方提出外部评审申请。

(2) 组织评审

交办方收到申请后,负责组织评审委员会,并负责为外部评审安排时间和地点。

(3) 提交被评审的产品

在交办方通知承办方评审时间和地点后,承办方应及时将阶段工作产品(包括软件、文档、说明书等)提交给外部评审委员会,提交的产品应真实出自承办方项目管理库,不得弄虚作假。

(4) 外部评审委员会预先评审

承办方提交阶段工作产品后,在正式外部评审会议开始前,各个评审委员会成员应当对产品进行预先评审,目标为:该阶段的工作产品是否齐全规范且每个产品是否达到所需要求,并记录下存在的问题。

(5) 正式外部评审会议

在交办方指定的时间和地点,由评审委员会的主管人员负责主持正式外部评审会议,会议议程为:

① 评审委员会听取承办方对于阶段工作的说明;

② 评审委员会对阶段工作提出质疑;

③ 承办方解答问题并记录确实存在的问题和不足,形成"评审问题记录表";

④ 评审委员会经过讨论后形成"评审意见记录表";

⑤ 评审委员会主管人员对"评审问题记录表"和"评审意见记录表"签字;

⑥ 会议结束,承办方领取"评审问题记录表"和"评审意见记录表"。

(6) 评审结束后对评审结果的处理

外部评审结束以后,承办方根据评审结果有如下两种处理方式。

① 评审通过

承办方将"评审问题记录表"和"评审意见记录表"存档,并根据这两张表所记录的问题对阶段工作产品进行更动,更动完成后将新产品存档入库,转入下一阶段工作。

② 评审不通过

承办方将"评审问题记录表"和"评审意见记录表"存档,并根据这两张表所记录的问题对阶段工作产品进行更动,更动完成后将新产品存档入库,重新组织内部评审,内部评审通过后再次向交办方提出外部评审申请。

10.3　软件评审的内容

10.3.1　管理评审

软件的管理评审是项目管理者(无论是承办方还是交办方)对项目的管理组织方式所进行的评审。管理评审是管理者对当前管理体系的适宜性、充分性、有效性所进行的管理活动,从而找到自身管理体系的不足和改进方向,不断提高管理能力。

管理评审的输入有:
- 近期软件内部评审和外部评审的输出结果;
- 用户的反馈信息;
- 交办方所关注的问题;
- 工作业绩及存在的问题;
- 纠正和预防措施实施情况;
- 上一次管理评审的结果、措施及执行情况;
- 可能影响管理体系变更的情况;
- 管理方针、目标的适宜性和实现情况。

管理评审的结果将会形成一份管理评审报告,报告的内容有:
- 评审的时间、地点、人员、目的、内容;
- 当前管理体系的适宜性、充分性、有效性评价和相应的改进措施;
- 当前管理方针、目标、指标的适宜性、充分性、有效性评价和所需要的更改;
- 管理评审所确定的改进措施、责任部门和完成日期。

10.3.2　技术评审

技术评审是对项目软件的功能、逻辑、实现所进行的评审,其目的包括:发现阶段开发完成的软件产品在功能、逻辑、实现上的错误;验证阶段软件产品符合需求规格;确保阶段软件产品符合预先定义的开发规范和标准;保证软件在统一模式下开发等。

技术评审的输入为:

- 项目需求文档;
- 阶段产品源代码;
- 阶段产品的相关测试用例;
- 评审检查单;
- 其他必需的相关文档。

技术评审的输出为技术评审报告,其内容为:

- 评审的时间、地点、人员、目的、内容,若是外部评审,则会有评审会议内容信息;
- 存在的问题和建议的改进措施;
- 评审结论和意见;
- 问题跟踪表;
- 评审问答记录(通常作为附件出现在报告里)。

10.3.3　文档评审

文档评审是对项目开发产生的文档所进行的评审,分为需求文档评审、设计文档评审、测试文档评审等。

（1）需求文档评审

需求文档评审是对项目的《市场需求说明书》《产品需求说明书》《功能说明书》等进行的评审。软件需求文档作为项目最早期的阶段成果,对最终软件市场的效益有很大的影响,因此需求文档评审至关重要。

（2）设计文档评审

设计文档评审又分为概要设计文档评审和详细设计文档评审。其中,概要设计文档评审是对项目的《概要设计说明书》进行评审,详细设计文档评审是对项目的《详细设计说明书》进行评审,分别对应软件开发过程中的概要设计和详细设计阶段。

（3）测试文档评审

测试文档评审是在阶段软件开发完成后,对该阶段产品的测试计划、测试用例、测试说明、测试记录、测试报告等文档进行的评审。

10.4　软件评审方法

以下以技术评审为例说明软件评审的一些方法。

10.4.1　走查法

走查是常见的非正式评审形式,其在软件开发者的主导下进行。走查过程中开发者会详细地向评审员介绍当前软件制品,并与评审员就相关问题进行沟通。由于走查之前评审员并不了解该软件,因此走查法的效果有限。走查法的特点是:开发者主导,若开发者遗漏或故意隐瞒则效果将大打折扣;很考验走查员的能力和专业技能;走查员评审工作量小。

走查法的输入为待走查的软件制品。

走查法的流程如下:

① 开发者确定走查员名单,指定项目走查时间表;

② 组织召开走查会议,开发者、走查员、记录员到场出席;

③ 开发者介绍被走查的软件产品、议程、相关人员分工等,走查员记录走查意见;

④ 开发者介绍完成后,开发者与走查员讨论相关问题,形成走查意见,并由记录员记录;

⑤ 会议结束前,记录员宣读走查结果,开发者和走查员签字确认;

⑥ 开发者将走查意见整理为走查结论;

⑦ 开发者修复问题,再次提交评审申请。

走查法的输出为:修订后的软件、走查意见、走查结论。

走查法的要点如下:

- 由于评审效率和结果很大程度上取决于走查员的能力,因此走查员的选择很重要;
- 走查员 2～4 人为宜;
- 根据开发者的要求,走查员可以从多个视角对软件进行评审;
- 开发者在走查活动组织过程中,需要和项目管理人员充分沟通,确保走查活动在项目计划中得到体现,确保走查员有充分的时间,而且走查员要充分尽责;
- 为保证进度,开发者介绍软件制品时,走查员最好不要打断,有问题可以记录下来,待介绍完成后进行讨论;
- 记录员可以由开发者或走查员兼任。

10.4.2 结构走查法

结构走查是比较理想的正式评审方式,相对于走查而言,结构走查不再由开发者主导,且评审会议前评审员需要做出预评审。这样既能提高评审质量,又能提高评审会议效率。结构走查的特点是:相对来说,评审员的评审工作量大;作为一种比较正式的评审方式,若应用得当,评审员具备相应的素质技巧,评审效果会很好。

结构走查法的输入为待评审的软件制品。

结构走查法的流程如下:

① 开发者向评审组织人申请评审,并编写软件制品简介;

② 评审组织人负责选择评审员,明确评审员职责,确定评审会议的时间和地点;

③ 评审组织人向相关人员发送评审通知和相关材料;

④ 评审员阅读材料,进行预评审,记录评审意见,并按时将评审意见发送给评审主持人;

⑤ 召开评审会议,开发者、评审员、评审主持人、记录员均到场出席;

⑥ 会议上,在评审主持人的主导下,讨论评审意见,解答相关质疑,标识确实存在的不足,由记录员记录;

⑦ 记录员宣读结果，开发者和评审员进行确认；

⑧ 对于明确存在的问题和缺陷，要提出相关的后续行动和验证方法，并记录在评审结论里；

⑨ 相关人员执行后续行动。

结构走查法的输出有：

- 修改完成的软件制品；
- 评审软件制品简介、评审安排、检查表等材料；
- 评审意见；
- 评审结论；
- 后续行动计划安排。

结构走查法的要点如下：

- 评审员 3～6 人为宜；
- 根据开发者的要求，评审员可以从一个或多个视角评审软件制品；
- 评审员可以参与软件制品的全部内容评审，也可以参与部分内容评审；
- 评审组织人主要为承办方或交办方的项目管理人员，评审主持人主要为相关的技术专家，评审组织人和评审主持人可以为同一人；
- 评审员必须保证评审时间，充分参与评审，若无法做到，则必须告诉评审组织人，评审组织人可以根据情况更换评审员、变更评审时间或采取其他措施；
- 评审过程中，评审员可以要求开发者提供指导和支持，评审员之间也可以互相交换意见；
- 评审员的评审意见里需要记录评审内容、评审工作量、评审发现等；
- 评审员的工作量包括阅读材料、记录评审意见、沟通交流、参加会议等，不包括讨论问题解决方案、验证问题修复时间等工作；
- 评审结论需包括评审度量数据、问题记录、后续行动计划等；
- 若软件制品有文字方面的错误，则可以直接在软件中修改，不必记录到评审意见里；
- 记录员可以由评审员或开发者兼任。

10.4.3 审查法

审查是非常正式的评审方式，评审效果是最好的，但审查法持续时间长，成本开销大。其特点为：工作量最大；最为正式，效果非常好，但成本高，不一定是最经济的评审方式。

审查法的输入为待评审的软件制品。

审查法的流程如下：

① 开发者申请评审；

② 评审组织人负责选择评审员，明确评审员职责，确定软件制品介绍会议、评审会议的时间和地点；

③ 评审组织人向相关人员发送评审通知和相关材料；

④ 召开软件制品介绍会议，由开发者向所有评审员介绍软件制品；

⑤ 评审员阅读材料，记录评审意见，并按时将评审意见发送给评审主持人；

⑥ 召开评审会议，开发者、评审员、评审主持人、记录员均到场出席；

⑦ 会议上,在评审主持人的主导下,讨论评审意见,解答相关质疑,标识确实存在的不足,由记录员记录;

⑧ 记录员宣读结果,开发者和评审员进行确认;

⑨ 对于明确存在的问题和缺陷,要提出相关的后续行动和验证方法,并记录在评审结论里;

⑩ 相关人员执行后续行动;

⑪ 根据约定,由指定人员审核修改完成的软件制品,或返回第 5 步,重新进行评审。

审查法的输出有:

- 修改完成的软件制品;
- 评审软件制品简介、评审安排、检查表等材料;
- 评审意见;
- 评审结论;
- 后续行动计划安排。

审查法的要点与结构走查法的要点基本一致,这里不再给出。

10.4.4 三种评审方法的比较

表 10-1 所示为三种评审方法的比较。

表 10-1 三种评审方法的比较

内容	走查法	结构走查法	审查法
正式程度	非正式	较为正式	非常正式
评审效果	一般	好	非常好
主导人员	开发者	评审组织者	评审组织者
工作量	低	中等	高
评审员人数	2～4 人	3～6 人	3～6 人或更多

10.5 软件评审的要点

下面是软件评审中的一些关键性要点。

(1) 评审参与者需要了解评审过程

如果评审参与者不了解评审过程,便会迷茫,甚至抗拒,因为不了解做评审的效果,严重打击积极性。

(2) 评审员只评论产品

评审的目的是评价和发现软件产品存在的问题,而不是评价开发人员的技术水平或人品。若将软件评审与开发人员的技术水平乃至人品结合起来,变成对开发人员的"批斗",不仅达不到评审效果,还会打击开发人员的积极性。

(3) 评审要被安排进项目计划

软件评审要求投入时间和精力,应当被安排进项目计划里。但往往会出现评审是项目计划外的事,开发者与评审员要加班加点完成评审,这样无法保证软件评审的效果。

（4）不要在进行软件评审时过度探讨问题解决方案

软件评审的目的是发现问题,而后由开发人员自主解决问题。因此,在评审上过度探讨解决方案会占用大量时间,导致大量评审内容被忽略,留下隐患。

（5）评审员要对评审材料有事先了解

评审员只有充分了解评审材料,才能发现有价值的深层次问题,同时,这也是对开发者劳动成果的尊重。

（6）不要提出非实质性问题

评审中,会有评审员过度专注于文档格式、文字措辞等非实质性问题,这样很影响软件评审效果。因此,不仅需要合理选择评审员,也要求评审员充分阅读评审材料,了解被评审的软件。

（7）重视评审活动的组织

评审活动的组织也是很重要的,如评审会议的时间、地点、场所环境布置等。一个安排得当的软件评审,不仅有利于参与人员的身心放松,也有利于提高软件评审效率。

第 11 章　电子商务网站实战演练

经过前面几章的学习，我们已经了解了自动化测试的概念，并掌握了 ATF 测试工具的概念和使用流程。在本章中我们会具体使用 ATF 对某电子商务网站进行测试，在这一过程中为读者提供 ATF 测试工具使用的范例，读者可以借鉴本章的内容对简单的被测系统进行测试。

被测系统是一个简单的电子商务系统，该系统的主页如图 11-1 所示，主要包括登录、注册、商品搜索、下单、订单查询等功能，接下来主要针对这几个功能点进行测试。

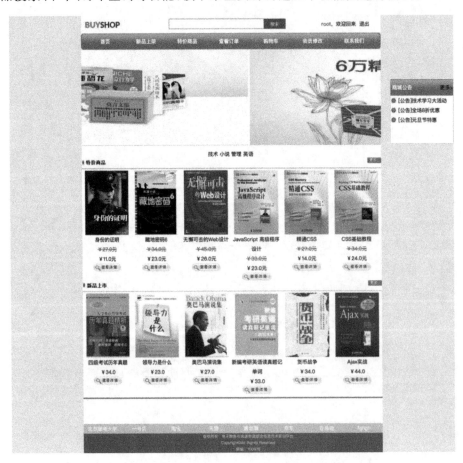

图 11-1　待测电子商务网站

11.1　被测系统的添加与配置

在进行功能点测试之前,首先要添加及配置被测系统。

11.1.1　添加被测系统

在测试基础设施中的被测系统管理页面中,单击"添加",在弹出的对话框中输入被测系统编号、名称、开发架构和描述,再单击"添加"完成被测系统的添加,如图 11-2 和图 11-3 所示。其中,被测系统编号和名称由用户自行约定格式,开发架构为前面的章节中介绍的自动化控件库。

图 11-2　被测系统添加页面

图 11-3　被测系统添加详情

11.1.2 配置被测系统

1. 自动化控件的添加

观察到待测电子商务网站中使用的主要控件类型为输入框、按钮、链接以及下拉框，在该被测系统的自动化控件中添加以上几项控件。

选中被测系统，展示高级功能，单击"自动化构件维护"，在控件维护界面的控件面板中单击加号，输入控件的信息，单击"添加"。在控件面板中选中新添加的控件，在方法面板中单击加号，输入方法的信息，单击"添加"，为控件添加方法，然后选中方法，在右侧的方法详情页面中完善信息，包括执行方法和参数信息。图 11-4 至图 11-7 所示为输入框控件的添加，其余控件的添加流程相同。

图 11-4　被测系统自动化控件添加

图 11-5　添加自动化控件对话框　　　　图 11-6　添加自动化控件方法对话框

方法 　　　　　　　　　　　　　　　　　　　　　　　×

名字　[set]　　　　　　描述　[填值,遇上只读d]

继承关系　[自身控件　▼]　　　继承可见性　[公共　▼]

标志参数化列　[　　　　　]

参数列表　　　　　　　　　　　　　　　　　[添加参数]

参数名称	值类型	参数化列	描述	
输入值	请输入内容	{{element}}	请输入内容	删除

等待时间　[　　　　　]　　　超过时间　[　　　　　]

目标代码

```
WebEdit_SeleniumImpl.getInstance().LocateTestObject(${{UI}}, ${{element}}).Set(${{输入值}});
ScriptExecuteTools.Reporter.log("debug","在输入框<"+${{element}}+">中输入值:"+${{输入值}});
```

170/1000

[⊙ 保存]

图 11-7　完善信息

2. 设置执行代码

在被测系统管理界面选中被测系统,展示高级功能,单击"执行代码管理",在执行前代码和执行后代码输入框中输入代码,如图 11-8 和图 11-9 所示。执行代码部分介绍见前面的章节。

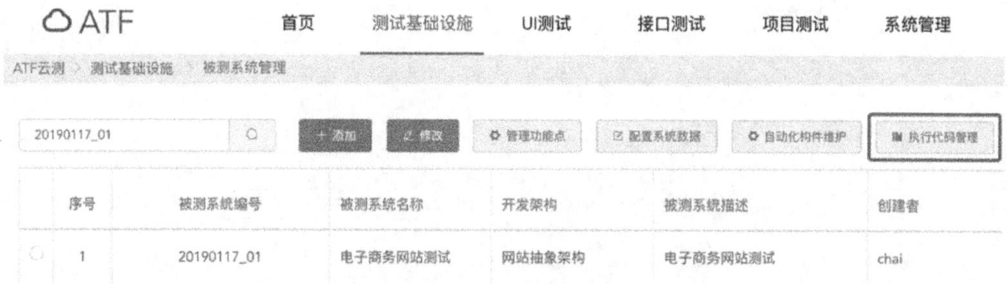

△ ATF　　　　首页　　测试基础设施　　UI测试　　接口测试　　项目测试　　系统管理

ATF云测 ＞ 测试基础设施 ＞ 被测系统管理

[20190117_01　　　Q]　[＋ 添加]　[∠ 修改]　[⊙ 管理功能点]　[☑ 配置系统数据]　[⊙ 自动化构件维护]　[▦ 执行代码管理]

	序号	被测系统编号	被测系统名称	开发架构	被测系统描述	创建者
○	1	20190117_01	电子商务网站测试	网站抽象架构	电子商务网站测试	chai

图 11-8　执行代码设置(一)

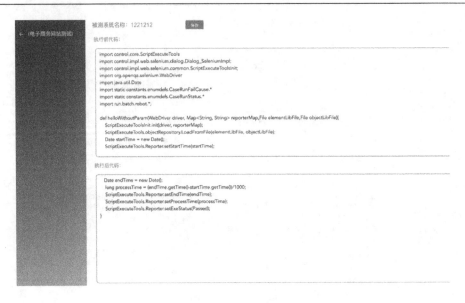

图 11-9　执行代码设置(二)

11.2　测试项目的添加

回到 ATF 首页,单击"项目测试",在项目测试的测试项目管理页面中单击"添加",在对话框中输入测试项目的相关信息,并单击"添加",如图 11-10 和图 11-11 所示。

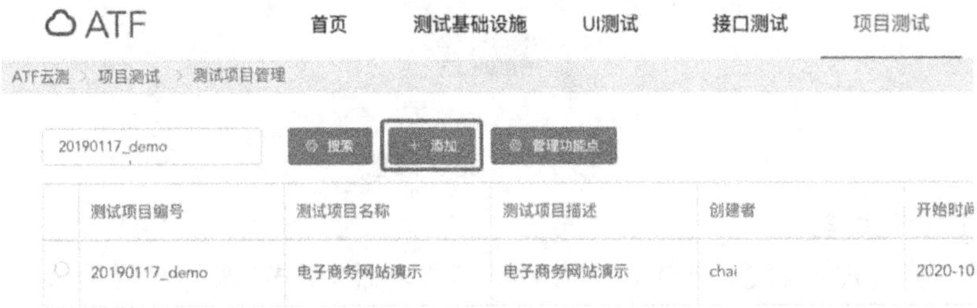

△ ATF　　　首页　　测试基础设施　　UI测试　　接口测试　　项目测试

ATF云测 › 项目测试 › 测试项目管理

测试项目编号	测试项目名称	测试项目描述	创建者	开始时间
20190117_demo	电子商务网站演示	电子商务网站演示	chai	2020-10

图 11-10　测试项目添加

添加测试项目

测试项目编号　20201217test

* 测试项目名称　电子商务网站测试

* 项目时间　　　2020-12-17 00:00:00　至　2020-12-31 00:00:00

描述　　　　　2020电子商务网站测试

添加　　重置

图 11-11　测试项目详情

11.3 登录功能测试

首先对电子商务网站的登录功能进行测试。测试流程主要包括新建功能点、添加配置元素库中的元素、配置基础脚本、添加用例、配置测试资源以及执行机执行。

11.3.1 新建功能点

新建登录测试的功能点。在被测系统管理界面，进入新添加的被测系统，单击"添加"，添加登录测试的功能点信息，如图 11-12 所示。

图 11-12 添加登录功能点

11.3.2 元素库的添加

登录页面如图 11-13 所示。

首先选中登录功能点，单击"元素库"，进入元素库管理界面，单击"添加 UI"，输入 UI 名称"登录页面"，单击"确定"，如图 11-14 所示。选中新添加的 UI，单击"添加元素"，输入元素名称"账号输入框"，控件类型选择"webedit"，在主属性一栏填写"name"，在主属性值一栏填写"account"，单击"确定"，如图 11-15 所示。其他元素的配置方式相同。

主属性是用来在 Web 页面上唯一识别定位元素的参数，该参数的确定方式是：在 Chrome 浏览器中右击后选择"检查"，在弹出的辅助工具中单击左上角的箭头＋框符号，单击需要定位的元素，在辅助工具的 Elements 选项卡中自动选中元素代码，如图 11-16 所示，这时可以找出元素的唯一识别标志，如 id，如果没有唯一标志，可以右击这段代码，选择 "copy"→"copy XPath"，使用 XPath 定位方式定位。

图 11-13   登录页面

图 11-14   添加 UI

图 11-15   添加元素与详情配置

11.3.3   基础脚本的配置

选中登录功能点,单击"基础脚本",再单击"添加脚本",输入脚本名称,然后单击"确定",如图 11-17 所示。选中新添加的登录脚本左侧的复选框,单击"添加多项",选中账号输入框、密码输入框、登录按钮 3 个元素,单击"确认",如图 11-18 所示。单击"保存",再单击"参数化",完成基础脚本的配置,如图 11-19 所示。

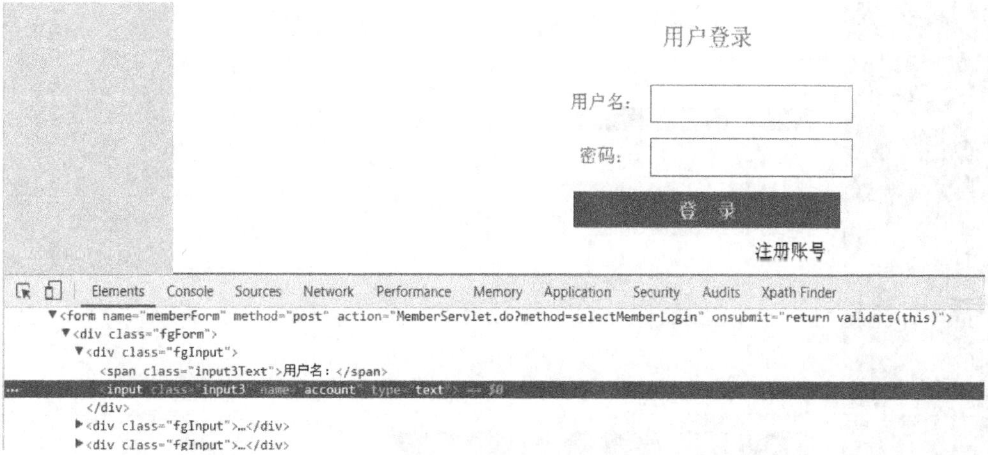

图 11-16　利用辅助工具确定元素位置

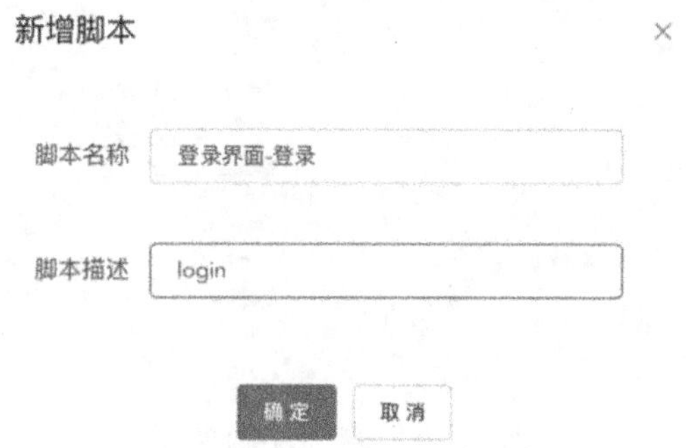

图 11-17　添加脚本

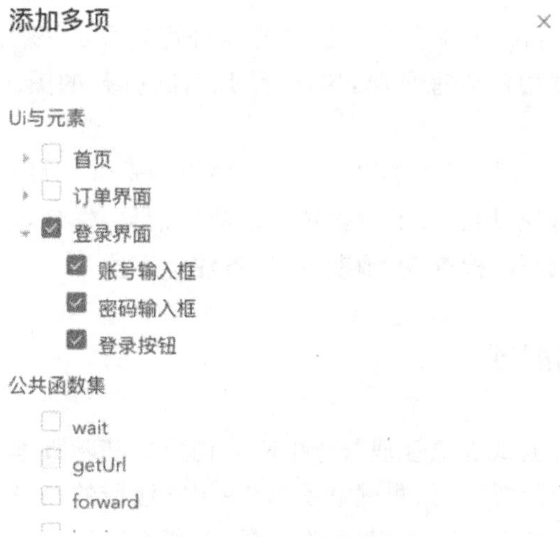

图 11-18　添加多项界面

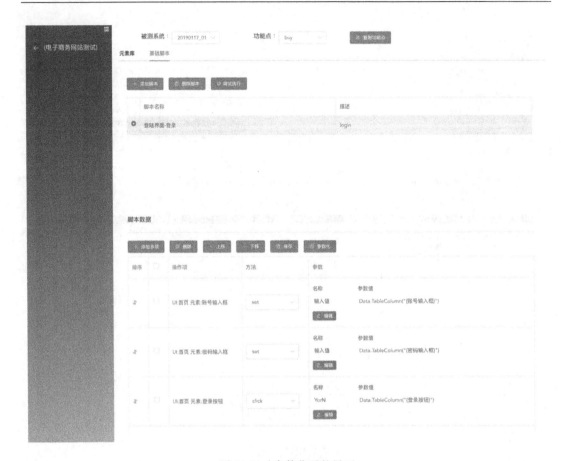

图 11-19　参数化后的界面

11.3.4　用例的添加

基础脚本配置完成后,进入项目测试栏中的项目管理页面,选中 11.2 节中添加的测试项目并进入,跳转至测试用例管理页面,单击"添加",在打开的图 11-20 所示的添加用例页面中填写相关信息。

用例添加页面中各项的填写方式如下。页面左上角选择"单用例",用例名称自行约定,被测系统、功能点、基础脚本均通过下拉框选择之前的信息,作者填写当前用户,如实填写测试意图、前置条件、测试步骤、检查点、预期结果、备注等字段。

11.3.5　测试资源的配置

进入"项目测试"→"测试资源管理",选中刚才创建的基础脚本,在图 11-21 所示的脚本表格中根据测试意图填写数据。如测试意图为"使用未注册的账号、密码进行登录",则在账号输入框一栏填写不存在的账号,在密码输入框一栏随意填写密码,在登录按钮一栏填写"Y"(此处不区分大小写),单击"保存"。此外,需要在数据里加入跳转到登录页面的前置函数以及对应的界面 URL。

图 11-20　添加用例页面

图 11-21　登录脚本的数据配置

11.3.6　测试计划及执行

1. 测试场景的添加与配置

进入"项目测试"→"测试场景",单击"添加",输入场景名称"登录演示",添加新的测试场景,如图 11-22 所示,在测试场景表格中单击新添加的测试场景后的"管理",在新页面中单击"添加用例",选中配置好的用例,单击"确认添加"。

图 11-22　添加场景

2. 执行机的启动

打开执行机,登录自己的账号,如图 11-23 所示。

```
Active code page: 65001
2020-12-17 14:54:09 | INFO | main | com.atf.execution.server.ATEServer | ATF账号登陆
请输入账号: fsd
请输入密码:
2020-12-17 14:54:30 | INFO | main | com.atf.execution.server.ATEServer | 登陆成功
2020-12-17 14:54:30 | INFO | main | com.atf.execution.server.SyncToRemoteAppender | the topic-name of slf4j log: slf4j-atf-runner-win-a3c65c2974270fd0
LOGBACK: No context given for com.atf.execution.server.SyncToRemoteAppender[null]
2020-12-17 14:54:31 | INFO | main | com.atf.execution.server.SyncToRemoteAppender | rocketmq name server:140.143.16.21:9876
2020-12-17 14:54:32 | INFO | main | com.atf.execution.server.ATEServer | 启动Netty,连接服务器140.143.16.21:1989
2020-12-17 14:54:34 | INFO | main | com.atf.execution.server.ATEServer | 尝试连接服务器,IP:140.143.16.21,port:1989
2020-12-17 14:54:35 | INFO | NettyClientWorkerEventLoopGroup-thread-2 | com.atf.execution.server.ATEServer | Netty启动成功!
2020-12-17 14:54:35 | INFO | ExecutorService-thread-1 | com.atf.execution.server.ATEServer | 注册服务节点:
endpointName: atf-runner-win
serviceName: [web.ui, web.api]
host: 10.28.145.241
port: 1808
maxload: 10
2020-12-17 14:54:37 | INFO | NettyClientSelector_1 | RocketmqRemoting | closeChannel: close the connection to remote address[] result: true
```

图 11-23　执行机的启动

3. 测试计划及执行

在项目测试栏中的测试计划及执行界面,单击"添加场景",选择"登录演示"场景,选择需要执行的测试用例,选择执行机,然后单击"批量执行",执行场景列表中的测试用例,如图 11-24 所示。如操作步骤正确,即可观测到电子商务网站完成登录的过程,并在工作空间中生成记录单。执行完成后可以单击"查询"查看执行结果以及执行报告,如图 11-25 所示。

图 11-24　批量执行

执行结果

测试意图:	测试电子商务网站能否正常登录
预期结果:	正常登录
检查点:	无
用例类型:	单用例
用例名称:	电子商务网站登录测试
执行机名:	atf-runner-mac-5f93f983524def3dca464469d2cf9f3e
UI操作流程:	进入页面:http://localhost:8080/bookstore/index.jsp 点击<首页登录按钮>链接 在输入框<用户名输入框>中输入值:root 在输入框<密码输入框>中输入值:123456 点击<登录按钮>按钮

图 11-25　执行结果

11.4　注册功能测试

11.4.1　新建功能点

新建注册测试的功能点。在被测系统管理界面,进入新添加的被测系统,单击"添加",添加注册测试的功能点信息,如图 11-26 所示。

11.4.2　元素库的添加

注册页面涉及操作的元素有会员账号输入框、会员密码输入框、密码确认输入框、真实姓名输入框、E-mail 输入框、手机号码输入框、身份证号输入框、提交按钮和重置按钮等元素,如图 11-27 所示,因此在元素库界面添加这些元素,如图 11-28 所示。

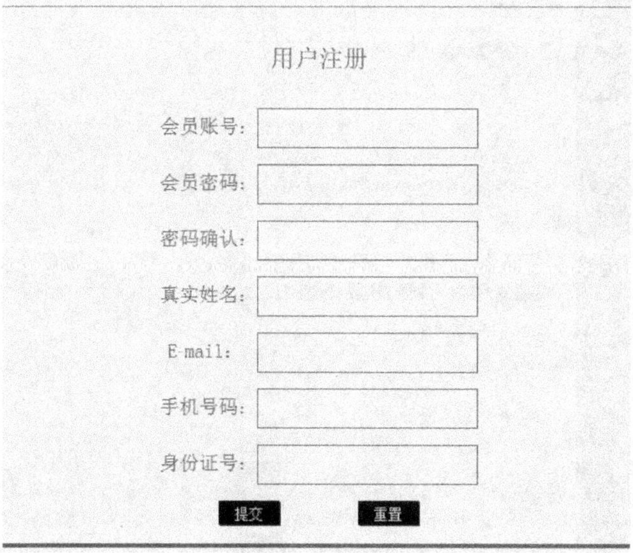

图 11-26　添加注册功能点

图 11-27　注册页面

图 11-28　注册元素的配置

11.4.3　基础脚本的配置

选中注册功能点,单击"基础脚本",再单击"添加脚本",在弹出的页面中输入脚本名称,然后单击"确定"。选中新添加的注册脚本左侧的复选框,单击"添加多项",选中涉及的元素,单击"确认"。单击"保存",再单击"参数化",完成基础脚本的配置,如图 11-29 所示。

图 11-29　注册基础脚本的配置

11.4.4　用例的添加

基础脚本配置完成后,进入项目测试栏中的项目管理页面,选中 11.2 节中添加的测试项目并进入,跳转至测试用例管理页面,单击"添加",在打开的添加用例页面中填写相关信息。

11.4.5　测试资源的配置

进入"项目测试"→"测试资源管理",选中刚才创建的基础脚本,在图 11-30 所示的脚本表格中根据测试意图填写数据。其中需要在数据里加入跳转到注册页面的前置函数以及对应的界面 URL。

图 11-30　注册脚本的数据配置

11.4.6　测试计划及执行

1. 测试场景的添加与配置

进入"项目测试"→"测试场景",单击"添加",输入场景名称"注册",添加新的测试场景,在测试场景表格中单击新添加的测试场景后的"管理",在图 11-31 所示的新页面中单击"添加用例",选中注册相关用例,单击"确认添加"。

图 11-31　注册场景的配置

2. 执行机的启动

打开执行机,登录自己的账号。

3. 测试计划及执行

在项目测试栏中的测试计划及执行界面,单击"添加场景",选择"注册"场景,选择需要执行的测试用例,选择执行机,然后单击"批量执行",执行场景列表中的测试用例。如操作步骤正确,即可观测到电子商务网站完成注册的过程,并在工作空间中生成记录单。执行完成后可以单击"查询"查看执行结果以及执行报告。

11.5 商品搜索功能测试

11.5.1 新建功能点

新建商品搜索测试的功能点。在被测系统管理界面，进入新添加的被测系统，单击"添加"，添加商品搜索测试的功能点信息。

11.5.2 元素库的添加

商品搜索页面涉及操作的元素有关键字输入框、搜索按钮两个元素，如图 11-32 所示，因此在元素库界面添加这两个元素，如图 11-33 所示。

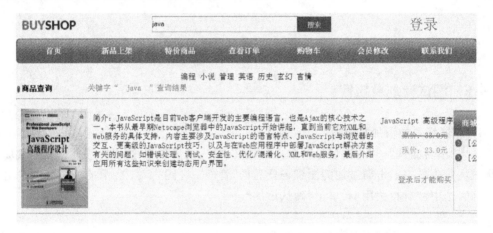

图 11-32 商品搜索页面

图 11-33 商品搜索元素的配置

11.5.3　基础脚本的配置

选中商品搜索功能点,单击"基础脚本",再单击"添加脚本",在弹出的页面中输入脚本名称,然后单击"确定"。选中新添加的商品搜索脚本左侧的复选框,单击"添加多项",选中涉及的元素,单击"确认"。单击"保存",再单击"参数化",完成基础脚本的配置,如图 11-34所示。

图 11-34　商品搜索基础脚本的配置

11.5.4　用例的添加

基础脚本配置完成后,进入项目测试栏中的项目管理页面,选中 11.2 节中添加的测试项目并进入,跳转至测试用例管理页面,单击"添加",在打开的添加用例页面中填写相关信息。

11.5.5　测试资源的配置

进入"项目测试"→"测试资源管理",选中刚才创建的基础脚本,在图 11-35 所示的脚本表格中根据测试意图填写数据,完成实际脚本的生成。其中需要在数据里加入跳转到商品搜索页面的前置函数以及对应的界面 URL。

图 11-35　商品搜索脚本的数据配置

11.5.6　测试计划及执行

1．测试场景的添加与配置

进入"项目测试"→"测试场景"，单击"添加"，输入场景名称"商品搜索"，添加新的测试场景，在测试场景表格中单击新添加的测试场景后的"管理"，在图 11-36 所示的新页面中单击"添加用例"，选中配置好的用例，单击"确认添加"。选中添加后的用例，展开高级功能，单击"执行过程控制"，对执行策略及其他执行方案进行配置，单击"保存"完成配置。

图 11-36　商品搜索场景的配置

2．执行机的启动

打开执行机，登录自己的账号。

3．测试计划及执行

在项目测试栏中的测试计划及执行界面，单击"添加场景"，选择"商品搜索"场景，选择需要执行的测试用例，选择执行机，然后单击"批量执行"，执行场景列表中的测试用例。如操作步骤正确，即可观测到电子商务网站完成商品搜索的过程，并在工作空间中生成记录单。执行完成后可以单击"查询"查看执行结果以及执行报告。

11.6　下单功能测试

11.6.1　新建功能点

新建下单测试的功能点。在被测系统管理界面，进入新添加的被测系统，单击"添加"，添加下单测试的功能点信息。

11.6.2 元素库的添加

观察下单页面涉及操作的元素,在元素库界面添加这些元素,如图 11-37 和图 11-38 所示。

图 11-37 下单页面

图 11-38 下单元素的配置

11.6.3 基础脚本的配置

选中下单功能点,单击"基础脚本",再单击"添加脚本",在弹出的页面中输入脚本名称,然后单击"确定"。选中新添加的下单脚本左侧的复选框,单击"添加多项",选中涉及的元素,单击"确认"。单击"保存",再单击"参数化",完成基础脚本的配置,如图 11-39 所示。

图 11-39　下单基础脚本的配置

11.6.4　用例的添加

基础脚本配置完成后,进入项目测试栏中的项目管理页面,选中 11.2 节中添加的测试项目并进入,跳转至测试用例管理页面,单击"添加",在打开的添加用例页面中填写相关信息。

11.6.5　测试资源的配置

进入"项目测试"→"测试资源管理",选中刚才创建的基础脚本,在脚本表格中根据测试意图填写数据。其中需要在数据里加入跳转到下单页面的前置函数以及对应的界面 URL。

11.6.6　测试计划及执行

1. 测试场景的添加与配置

进入"项目测试"→"测试场景",单击"添加",输入场景名称"下订单",添加新的测试场景,在测试场景表格中单击新添加的测试场景后的"管理",在图 11-40 所示的新页面中单击"添加用例",选中配置好的用例,单击"确认添加"。

图 11-40 下单场景的配置

2. 执行机的启动

打开执行机,登录自己的账号。

3. 测试计划及执行

在项目测试栏中的测试计划及执行界面,单击"添加场景",选择"下订单"场景,选择需要执行的测试用例,选择执行机,然后单击"批量执行",执行场景列表中的测试用例。如操作步骤正确,即可观测到电子商务网站完成下订单的过程,并在工作空间中生成记录单。

11.7 订单查询功能测试

11.7.1 新建功能点

新建订单查询测试的功能点。在被测系统管理界面,进入新添加的被测系统,单击"添加",添加订单查询测试的功能点信息。

11.7.2 元素库的添加

观察订单查询页面涉及操作的元素,在元素库界面添加这些元素,如图 11-41 和图 11-42 所示。

11.7.3 基础脚本的配置

选中订单查询功能点,单击"基础脚本",再单击"添加脚本",在弹出的页面中输入脚本名称,然后单击"确定"。选中新添加的订单查询脚本左侧的复选框,单击"添加多项",选中涉及的元素,单击"确认"。单击"保存",再单击"参数化",完成基础脚本的配置,如图 11-43 所示。

图 11-41　订单查询页面

图 11-42　订单查询元素的配置

11.7.4　用例的添加

基础脚本配置完成后,进入项目测试栏中的项目管理页面,选中 11.2 节中添加的测试项目并进入,跳转至测试用例管理页面,单击"添加",在打开的添加用例页面中填写相关信息。

图 11-43　订单查询基础脚本的配置

11.7.5　测试资源的配置

进入"项目测试"→"测试资源管理",选中刚才创建的基础脚本,在图 11-44 所示的脚本表格中根据测试意图填写数据。其中需要在数据里加入跳转到订单查询页面的前置函数以及对应的界面 URL。

图 11-44　订单查询脚本的数据配置

11.7.6　测试计划及执行

1. 测试场景的添加与配置

进入"项目测试"→"测试场景",单击"添加",输入场景名称"订单查询",添加新的测试场景,在测试场景表格中单击新添加的测试场景后的"管理",在图 11-45 所示的新页面中单击"添加用例",选中配置好的用例,单击"确认添加"。

图 11-45   订单查询场景的配置

2．执行机的启动

打开执行机,登录自己的账号。

3．测试计划及执行

在项目测试栏中的测试计划及执行界面,单击"添加场景",选择"订单查询"场景,选择需要执行的测试用例,选择执行机,然后单击"批量执行",执行场景列表中的测试用例。如操作步骤正确,即可观测到电子商务网站完成订单查询的过程,并在工作空间中生成记录单。

第12章　智慧校园网站实战演练

经过第 11 章的学习实践,我们完成了对简单电子商务网站的测试,基本掌握了使用 ATF 测试工具的测试流程。在本章中,我们对比较复杂的智慧校园网站进行测试,通过本章的学习和实践,读者会更加熟练地使用 ATF 测试工具。

本章中的被测系统是一个较为复杂的智慧校园网站系统,主要包括基础配置、工单管理、保修统计、系统配置和维修工单处理 5 个功能模块,每个功能模块包括多个功能点,因为保修统计、维修工单处理和工单管理的功能需求模糊且开发不完善,所以本章挑选了基础配置和系统配置进行测试,接下来主要针对这两个功能模块进行测试。

12.1　测试系统的添加与配置

在测试功能点之前,首先要添加及配置测试系统。智慧校园系统界面如图 12-1 所示。

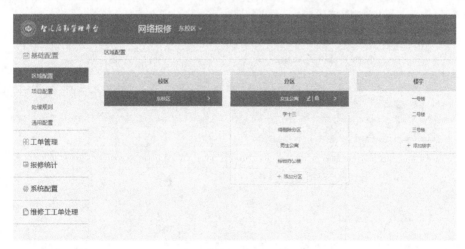

图 12-1　智慧校园系统界面

12.1.1　添加测试系统

在菜单栏的测试基础设施页面中,单击"添加",在弹出的对话框中输入系统名称、系统编号、开发架构和描述,再单击"添加",完成被测系统的添加,如图 12-2 和图 12-3 所示。其中系统名称由用户自行约定格式,系统编号如果为空则会自动生成,开发架构为第 8 章中介绍的自动化构件库。

图 12-2　被测系统添加页面

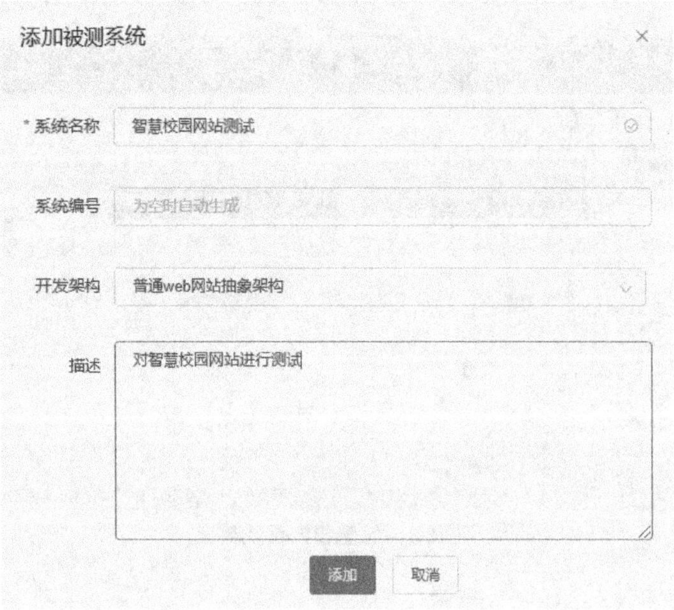

图 12-3　添加被测系统

12.1.2　配置测试系统

1．自动化控件的添加

观察到待测智慧校园网站中使用的主要控件类型为输入框、按钮、链接、下拉框和复选框等，在该被测系统的自动化控件中添加以上几项控件。

选中测试系统，单击"自动化构件维护"，在构件维护界面的控件面板中单击加号，输入控件的信息，单击"添加"。在控件面板中选中新添加的控件，在方法面板中单击加号，输入方法的信息，单击"添加"，为控件添加方法，然后选中方法，在右侧的方法详情页完善信息，包括执行方法和参数信息。图 12-4 至图 12-7 所示为按钮控件的添加，其余控件的添加流程相同。

图 12-4　被测系统自动化控件添加

图 12-5　添加控件对话框

图 12-6　添加方法对话框

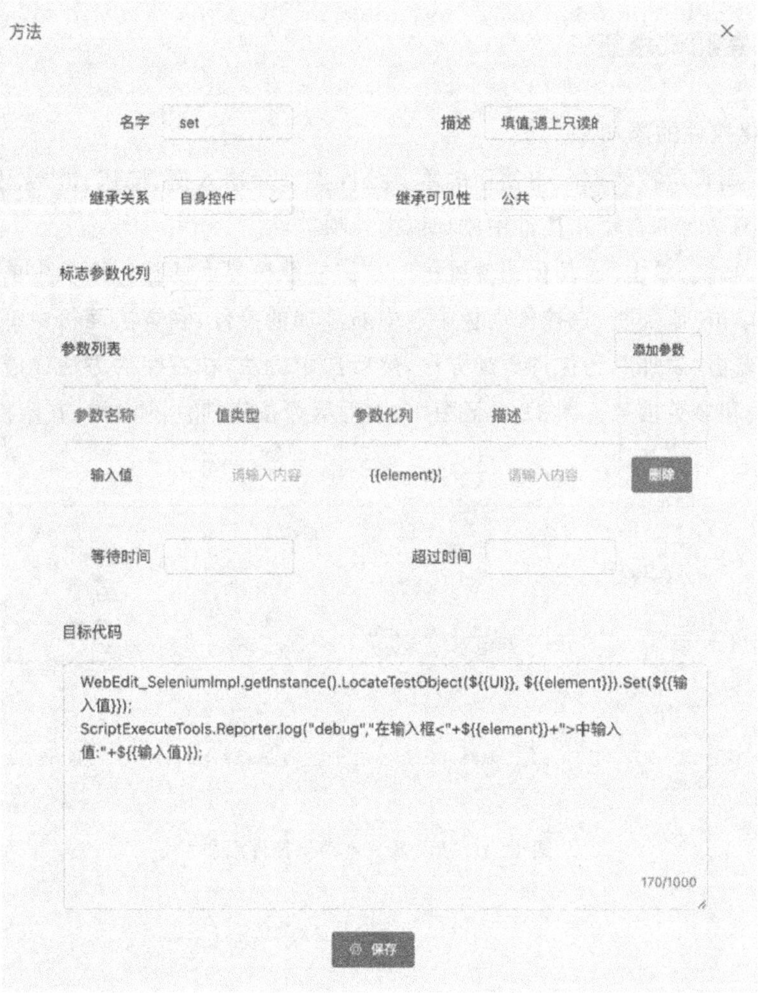

图 12-7　方法详情

2. 设置执行代码

在被测系统管理界面,选中被测系统,单击"执行代码管理",如图 12-8 所示,在执行前代码和执行后代码输入框中输入代码,如图 12-9 所示,执行代码部分介绍见第 8 章。

图 12-8　执行代码设置(一)

图 12-9　执行代码设置(二)

12.2　测试项目的添加

回到 ATF 首页,单击"项目测试",在项目测试的测试项目管理页面中单击"添加",如图 12-10 所示,在弹出的对话框中输入测试项目的相关信息,并单击"添加",如图 12-11 所示。

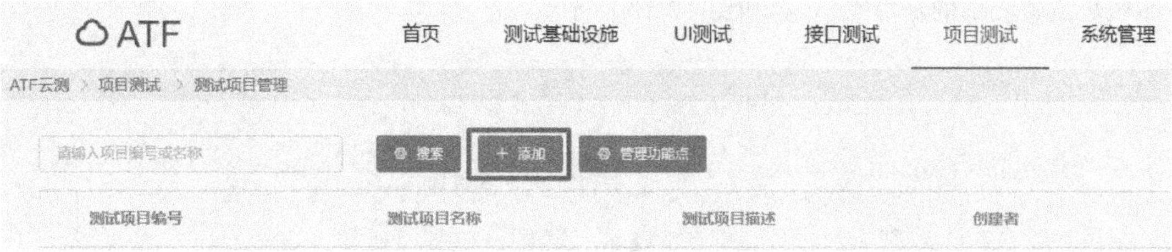

图 12-10　测试项目添加

图 12-11　添加测试项目对话框

12.3　基础配置功能模块测试

基础配置功能模块中包括区域配置、项目配置、处理规则和通用配置 4 个子功能模块，每个子功能模块又包含多个功能点。

首先，在已经建立的被测系统中新建功能点，为该功能点完善元素库，然后在基础脚本界面完成模板的添加和参数化。在测试项目中添加测试用例，添加完成后，在已经建立的测试项目中新建测试用例，然后在测试资源管理中为每个用例添加数据，为生成实际的脚本提供数据。然后添加该功能点的场景，在场景中添加相关用例并设置执行控制策略。最后开启执行机，在测试计划及执行界面执行用例，观察测试结果，与预期结果进行对比，得出测试报告。

12.3.1　区域配置功能测试

1. 新建功能点

新建区域配置测试的功能点。区域配置中主要包括分区的添加、修改、删除，楼宇的添加、修改、删除以及切换显示楼宇等功能点。在测试基础设施界面，选中新添加的被测系统，展示高级功能，单击"管理功能点"，进入管理功能点界面，如图 12-12 所示。单击"添加"，添加区域配置测试的功能点信息，如图 12-13 所示。

图 12-12　进入管理功能点界面

图 12-13　添加功能点

2. 元素库的添加

区域配置界面涉及操作的元素有分区添加按钮、分区名输入框、删除按钮、修改按钮、楼宇添加按钮、楼宇名输入框等多个元素,如图 12-14 所示。在元素库界面添加这些元素。单击"添加 UI"按钮,弹出添加 UI 对话框,添加完成后选中新添加的 UI,单击"添加元素"按钮,完成元素添加。最终将所有的元素添加到该功能点的元素库中,具体流程如图 12-15 至图 12-17 所示。

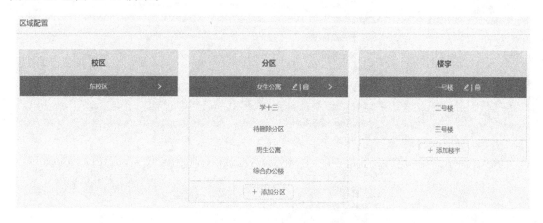

图 12-14　区域配置界面

其中添加元素时,需要填写元素的主属性。主属性是用来在 Web 页面上唯一识别定位元素的参数,该参数的确定方式是:在 Chrome 浏览器中右击后选择"检查",在弹出的辅助工具中单击左上角的箭头＋框符号,单击需要定位的元素,在辅助工具的 Elements 选项卡中自动选中元素代码,这时可以找出元素的唯一识别标志,如 id,如果没有唯一标志,可以右击这段代码,选择"copy"→"copy XPath",使用 XPath 定位方式定位。

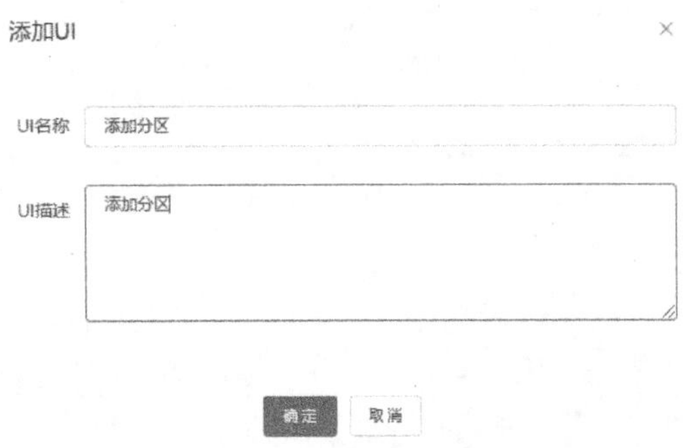

添加 UI

UI名称　添加分区

UI描述　添加分区

确定　取消

图 12-15　添加 UI

添加元素　　　　　　　　　　　　　　　×

元素名称　添加分区按钮

控件类型　webbutton

主属性　xpath

主属性值　//*[@id="su"]

确定　取消

图 12-16　添加元素

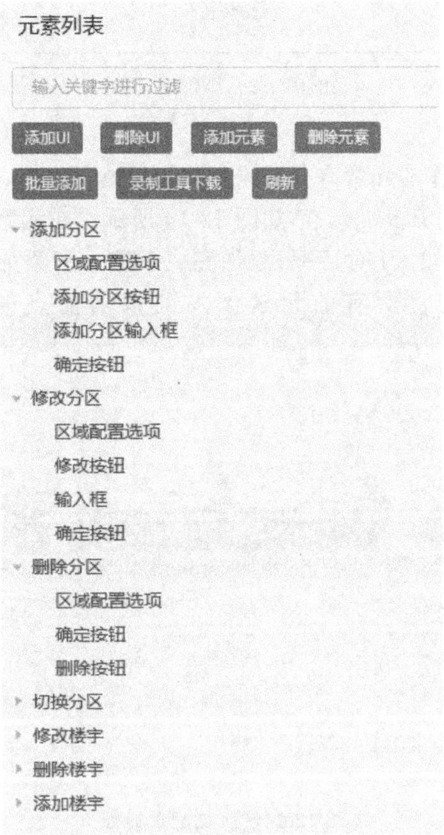

元素列表

输入关键字进行过滤

添加UI　删除UI　添加元素　删除元素

批量添加　录制工具下载　刷新

▾ 添加分区
　　区域配置选项
　　添加分区按钮
　　添加分区输入框
　　确定按钮

▾ 修改分区
　　区域配置选项
　　修改按钮
　　输入框
　　确定按钮

▾ 删除分区
　　区域配置选项
　　确定按钮
　　删除按钮

▸ 切换分区

▸ 修改楼宇

▸ 删除楼宇

▸ 添加楼宇

图 12-17　区域配置元素库

3. 基础脚本的添加及参数化

切换到基础脚本选项卡,选中"基础配置/区域配置"功能点,单击脚本数据的"添加多项"按钮,选中之前添加的所有元素,单击"确认"。单击"参数化",再单击"保存",完成基础脚本的配置。具体流程如图 12-18 至图 12-20 所示。

图 12-18　添加脚本数据

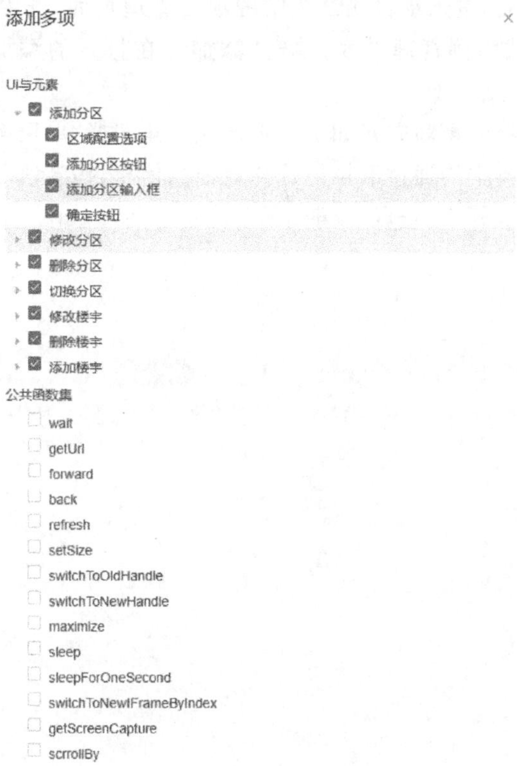

添加多项　　　　　　　　　　　　　　　　　　　　×

UI与元素
　▾ ☑ 添加分区
　　　☑ 区域配置选项
　　　☑ 添加分区按钮
　　　☑ 添加分区输入框
　　　☑ 确定按钮
　▸ ☑ 修改分区
　▸ ☑ 删除分区
　▸ ☑ 切换分区
　▸ ☑ 修改楼宇
　▸ ☑ 删除楼宇
　▸ ☑ 添加楼宇

公共函数集
　☐ wait
　☐ getUrl
　☐ forward
　☐ back
　☐ refresh
　☐ setSize
　☐ switchToOldHandle
　☐ switchToNewHandle
　☐ maximize
　☐ sleep
　☐ sleepForOneSecond
　☐ switchToNewIFrameByIndex
　☐ getScreenCapture
　☐ scrrollBy

图 12-19　选中之前添加的所有元素

图 12-20　参数化及保存

4. 用例的添加

基础脚本配置完成后,进入项目测试栏中的项目管理页面,选中 12.2 节中添加的测试项目并进入,跳转至测试用例管理页面,单击"添加",在打开的添加用例页面中填写相关信息。

添加用例页面中各项的填写方式如下。页面左上角选择"单用例",用例名称自行约定,被测系统、功能点、基础脚本均通过下拉框选择之前的信息,作者填写当前用户,如实填写测试意图、前置条件、测试步骤、检查点、预期结果、备注等字段,如图 12-21 所示。

图 12-21　添加用例

5．测试资源的配置

进入"项目测试"→"测试资源管理"，选中刚才创建的基础脚本，在图 12-22 所示的脚本表格中根据测试意图填写数据。如测试意图为"分区名为空"，则在区域配置选项栏和添加分区按钮栏填写"Y"（此处不区分大小写），单击"保存"。

图 12-22　用例测试资源的配置

6．测试计划及执行

（1）测试场景的添加与配置

进入"项目测试"→"测试场景"，单击"添加"，输入场景名称"智慧校园区域配置"，添加新的测试场景，如图 12-23 所示，在测试场景表格中单击新添加的测试场景后的"管理"，在图 12-24 所示的新页面中单击"添加用例"，选中配置好的用例，单击"确认添加"。选中添加的用例，展开高级功能，选择"执行过程控制"，对执行策略及其他执行方案进行配置，单击"保存"完成配置，如图 12-25 所示，如果未设置执行过程控制，则执行不成功。

添加场景　　　　　　　　　　　　　　　　　　　　×

　　* 场景名称　　智慧校园区域配置

　　场景描述　　智慧校园区域配置

添加　　重置

图 12-23　场景的添加

图 12-24　场景的配置

图 12-25　执行过程控制设置

（2）执行机的启动

打开执行机，登录自己的账号，如图 12-26 所示。

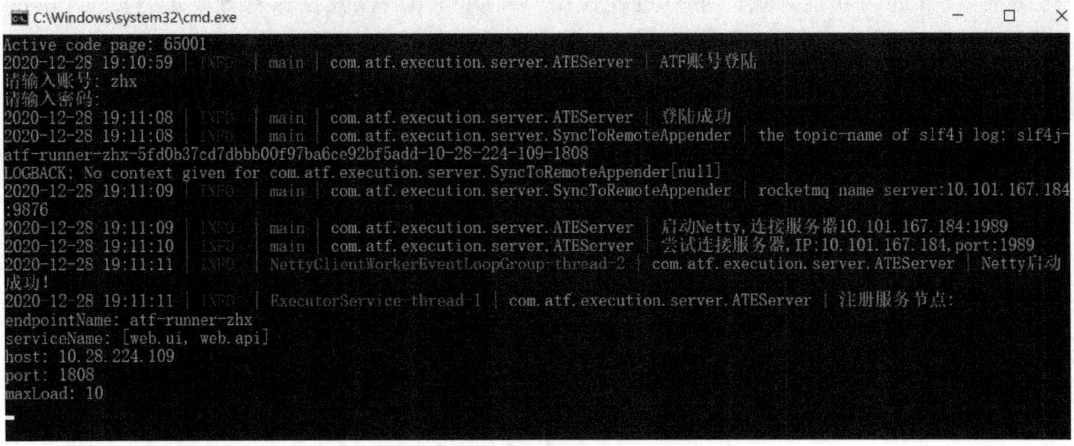

图 12-26　执行机的启动

（3）测试计划及执行

在项目测试栏中的测试计划及执行界面，单击"添加场景"，选择"智慧校园区域配置"场景，选择执行机，然后单击"批量执行"，执行场景列表中的测试用例，如图 12-27 所示。如操作步骤正确，即可观测到智慧校园网站完成相应的操作流程，并在工作空间中生成记录单。执行完成后可以单击"查询"查看执行结果以及执行报告。

图 12-27　批量执行

12.3.2　项目配置功能测试

1．新建功能点

新建项目配置测试的功能点。在测试基础设施界面,选中新添加的被测系统,展示高级功能,单击"管理功能点",进入管理功能点界面。单击"添加",添加项目配置测试的功能点信息,如图 12-28 所示。

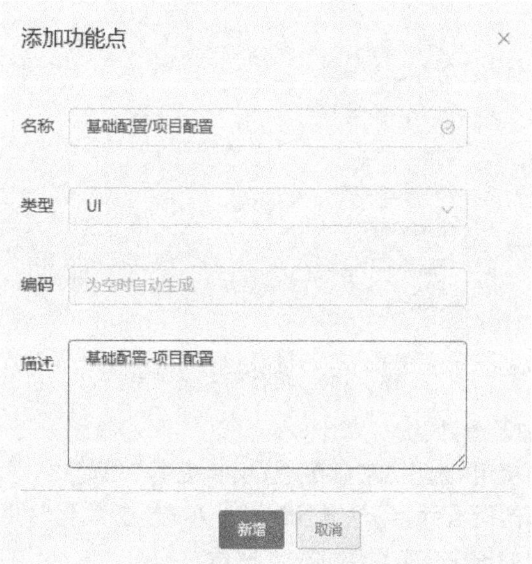

图 12-28　添加项目配置测试的功能点

2．元素库的添加

项目配置界面涉及操作的元素有一级项目添加按钮、一级项目名输入框、删除按钮、修改按钮、二级项目添加按钮、二级项目名输入框等多个元素,如图 12-29 所示。在元素库界面添加这些元素，如图 12-30 所示。

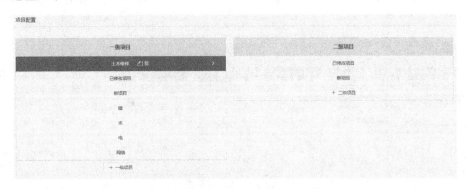

图 12-29　项目配置界面

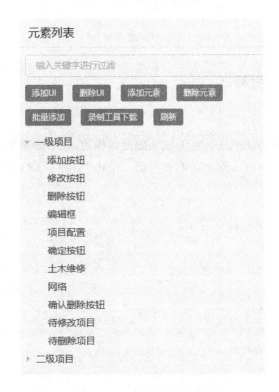

图 12-30　项目配置元素库

3．基础脚本的添加及参数化

切换到基础脚本选项卡，选中"基础配置/项目配置"功能点，单击脚本数据的"添加多项"按钮，选中之前添加的所有元素，单击"确认"。单击"参数化"，再单击"保存"，完成基础脚本的配置。具体流程如图 12-31 至图 12-33 所示。

4．用例的添加

基础脚本配置完成后，进入项目测试栏中的项目管理页面，选中 12.2 节中添加的测试项目并进入，跳转至测试用例管理页面，单击"添加"，在打开的添加用例页面中填写相关信息。

图 12-31 添加脚本数据

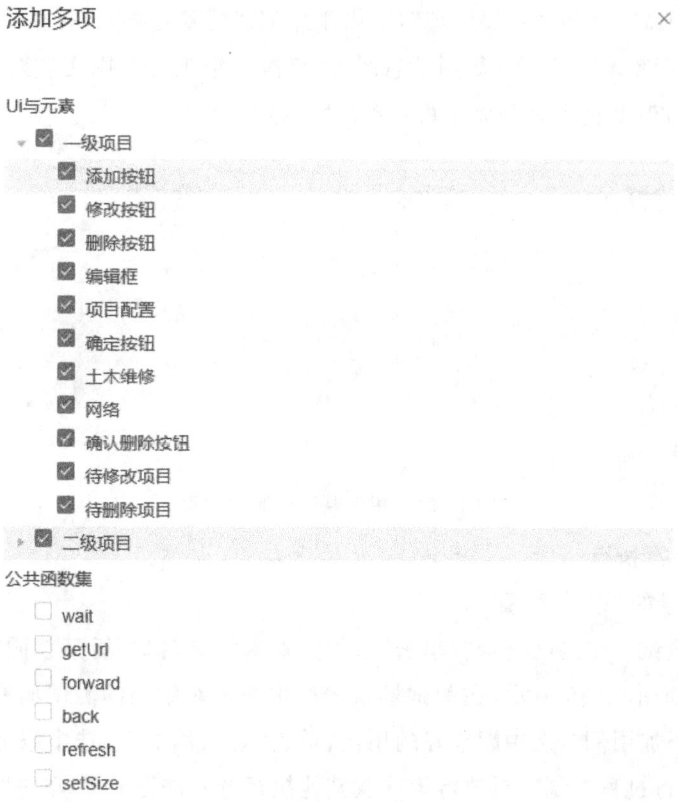

添加多项 ✕

Ui与元素
　▾ ☑ 一级项目
　　　☑ 添加按钮
　　　☑ 修改按钮
　　　☑ 删除按钮
　　　☑ 编辑框
　　　☑ 项目配置
　　　☑ 确定按钮
　　　☑ 土木维修
　　　☑ 网络
　　　☑ 确认删除按钮
　　　☑ 待修改项目
　　　☑ 待删除项目
　▸ ☑ 二级项目
公共函数集
　　☐ wait
　　☐ getUrl
　　☐ forward
　　☐ back
　　☐ refresh
　　☐ setSize

图 12-32 选中之前添加的所有元素

图 12-33　参数化及保存

5. 测试资源的配置

进入"项目测试"→"测试资源管理",选中刚才创建的基础脚本,在图 12-34 所示的脚本表格中根据测试意图填写数据。如测试意图为"修改一级项目",则实现对一级项目进行修改,按钮栏填写"Y"(此处不区分大小写),单击"保存"。

图 12-34　用例测试资源的配置

6. 测试计划及执行

(1) 测试场景的添加与配置

进入"项目测试"→"测试场景",单击"添加",输入场景名称"智慧校园项目配置",添加新的测试场景,如图 12-35 所示,在测试场景表格中单击新添加的测试场景后的"管理",在新页面中单击"添加用例",选中配置好的用例,单击"确认添加"。选中添加的用例,展开高级功能,选择"执行过程控制",对执行策略及其他执行方案进行配置,单击"保存"完成配置,如图 12-36 所示,如果未设置执行过程控制,则执行不成功。

添加场景　　　　　　　　　　　　　　　　　　　　　　　　×

* 场景名称　　智慧校园项目配置

场景描述　　智慧校园项目配置

添加　　重置

图 12-35　场景的添加

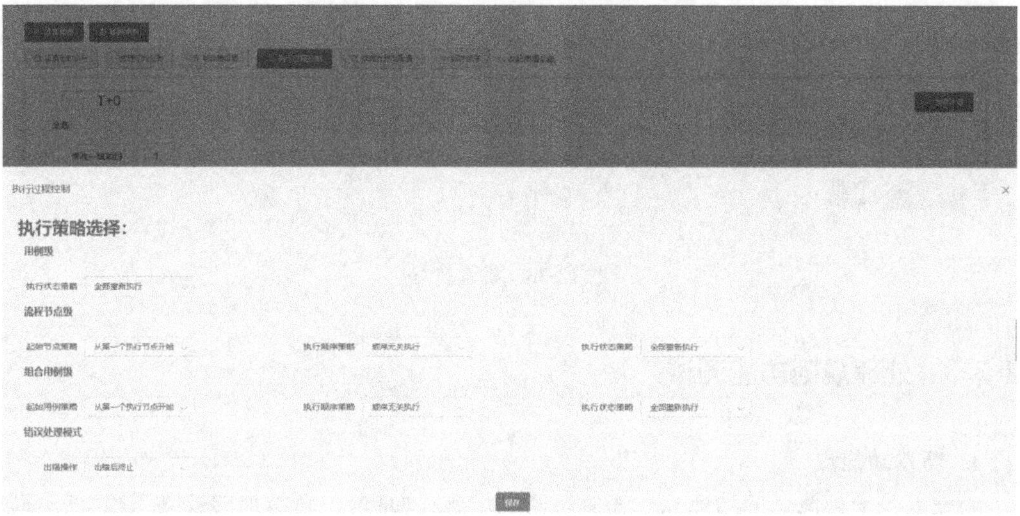

图 12-36　执行过程控制设置

（2）执行机的启动

打开执行机，登录自己的账号，如图 12-37 所示。

图 12-37　执行机的启动

（3）测试计划及执行

在项目测试栏中的测试计划及执行界面，单击"添加场景"，选择"智慧校园项目配置"场景，选择执行机，然后单击"批量执行"，执行场景列表中的测试用例，如图 12-38 所示。如操作步骤正确，即可观测到智慧校园网站完成相应的操作流程，并在工作空间中生成记录单。执行完成后可以单击"查询"查看执行结果以及执行报告。

图 12-38　批量执行

12.3.3　处理规则功能测试

1. 新建功能点

新建处理规则测试的功能点。在测试基础设施界面，选中新添加的被测系统，展示高级功能，单击"管理功能点"，进入管理功能点界面。单击"添加"，添加处理规则测试的功能点信息，如图 12-39 所示。

图 12-39　添加处理规则测试的功能点

2. 元素库的添加

处理规则界面涉及操作的元素有添加规则按钮、启用规则按钮、编辑规则按钮和确认按钮等多个元素,如图 12-40 所示。在元素库界面添加这些元素,如图 12-41 所示。

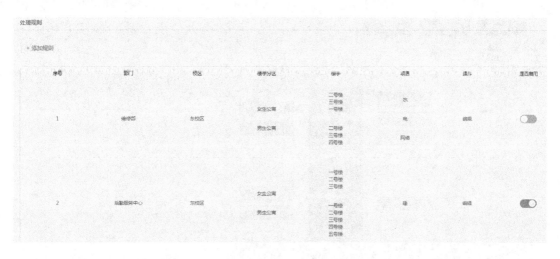

图 12-40 处理规则界面

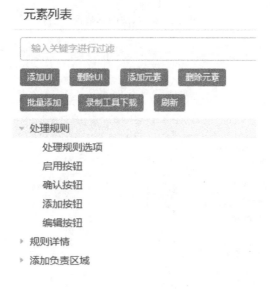

图 12-41 处理规则元素库

3. 基础脚本的添加及参数化

切换到基础脚本选项卡,选中"基础配置/处理规则"功能点,单击脚本数据的"添加多项"按钮,选中之前添加的所有元素,单击"确认"。单击"参数化",再单击"保存",完成基础脚本的配置。具体流程如图 12-42 至图 12-44 所示。

图 12-42　添加脚本数据

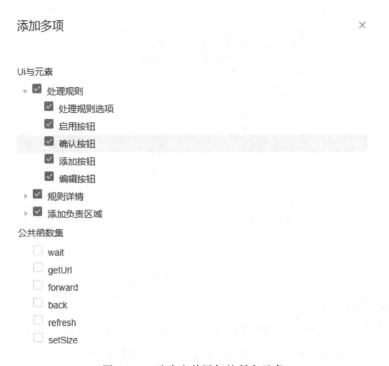

图 12-43　选中之前添加的所有元素

图 12-44　参数化及保存

4．用例的添加

基础脚本配置完成后，进入项目测试栏中的项目管理页面，选中 12.2 节中添加的测试项目并进入，跳转至测试用例管理页面，单击"添加"，在打开的添加用例页面中填写相关信息。

5．测试资源的配置

进入"项目测试"→"测试资源管理"，选中刚才创建的基础脚本，在图 12-45 所示的脚本表格中根据测试意图填写数据。如测试意图为"测试添加规则"，则在处理规则选项栏和启用按钮栏填写"Y"（此处不区分大小写），单击"保存"。

图 12-45　用例测试资源的配置

6．测试计划及执行

（1）测试场景的添加与配置

进入"项目测试"→"测试场景"，单击"添加"，输入场景名称"智慧校园处理规则"，添加新的测试场景,如图 12-46 所示,在测试场景表格中单击新添加的测试场景后的"管理",在新页面中单击"添加用例",选中配置好的用例,单击"确认添加"。选中添加的用例,展开高级功能,选择"执行过程控制",对执行策略及其他执行方案进行配置,单击"保存"完成配置,如图 12-47 所示,如果未设置执行过程控制,则执行不成功。

添加场景 ✕

* 场景名称　智慧校园处理规则

场景描述　智慧校园处理规则

添加　重置

图 12-46　场景的添加

图 12-47　执行过程控制设置

（2）执行机的启动

打开执行机,登录自己的账号,如图 12-48 所示。

（3）测试计划及执行

在项目测试栏中的测试计划及执行界面,单击"添加场景",选择"智慧校园处理规则"场景,选择执行机,然后单击"批量执行",执行场景列表中的测试用例,如图 12-49 所示。如操作步骤正确,即可观测到智慧校园网站完成相应的操作流程,并在工作空间中生成记录单。执行完成后可以单击"查询"查看执行结果以及执行报告。

图 12-48　执行机的启动

图 12-49　批量执行

12.3.4　通用配置功能测试

1. 新建功能点

新建通用配置测试的功能点。在测试基础设施界面,选中新添加的被测系统,展示高级功能,单击"管理功能点",进入管理功能点界面。单击"添加",添加通用配置测试的功能点信息,如图 12-50 所示。

2. 元素库的添加

通用配置界面涉及操作的元素有复选框,保存、修改、删除按钮等多个元素,如图 12-51所示。在元素库界面添加这些元素,如图 12-52 所示。

3. 基础脚本的添加及参数化

切换到基础脚本选项卡,选中"基础配置/通用配置"功能点,单击脚本数据的"添加多

图 12-50　添加通用配置测试的功能点

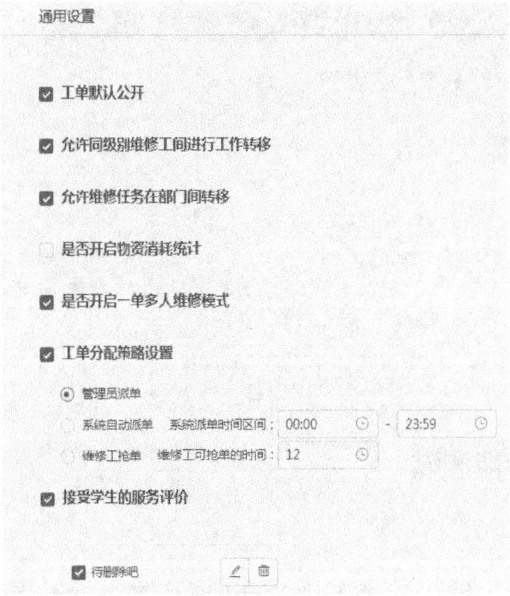

图 12-51　通用配置界面

项"按钮,选中之前添加的所有元素,单击"确认"。单击"参数化",再单击"保存",完成基础脚本的配置。具体流程如图 12-53 至图 12-55 所示。

4. 用例的添加

基础脚本配置完成后,进入项目测试栏中的项目管理页面,选中 12.2 节中添加的测试项目并进入,跳转至测试用例管理页面,单击"添加",在打开的添加用例页面中填写相关信息。

图 12-52　通用配置元素库

图 12-53　添加脚本数据

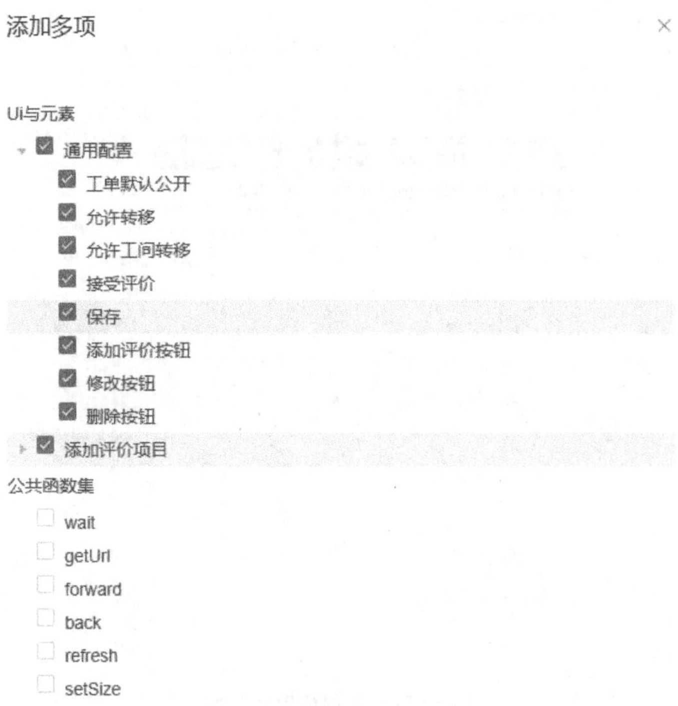

图 12-54　选中之前添加的所有元素

图 12-55　参数化及保存

5．测试资源的配置

进入"项目测试"→"测试资源管理"，选中刚才创建的基础脚本，在图 12-56 所示的脚本表格中根据测试意图填写数据。如测试意图为"添加评价"，则在输入框中添加评价，按钮栏填写"Y"（此处不区分大小写），单击"保存"。

图 12-56　用例测试资源的配置

6. 测试计划及执行

（1）测试场景的添加与配置

进入"项目测试"→"测试场景"，单击"添加"，输入场景名称"智慧校园通用配置"，添加新的测试场景，如图 12-57 所示，在测试场景表格中单击新添加的测试场景后的"管理"，在新页面中单击"添加用例"，选中配置好的用例，单击"确认添加"。选中添加的用例，展开高级功能，选择"执行过程控制"，对执行策略及其他执行方案进行配置，单击"保存"完成配置，如图 12-58 所示，如果未设置执行过程控制，则执行不成功。

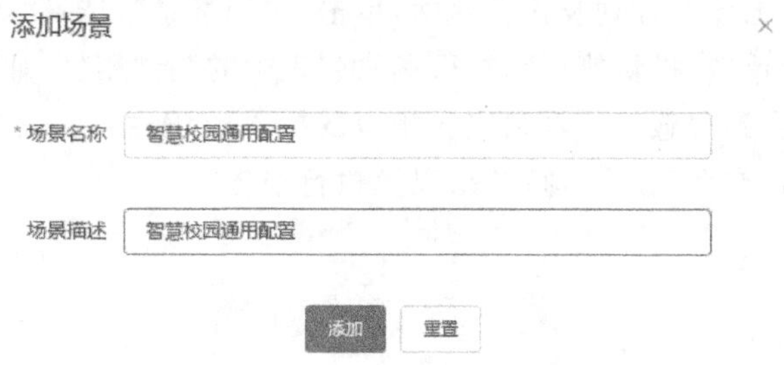

图 12-57　场景的添加

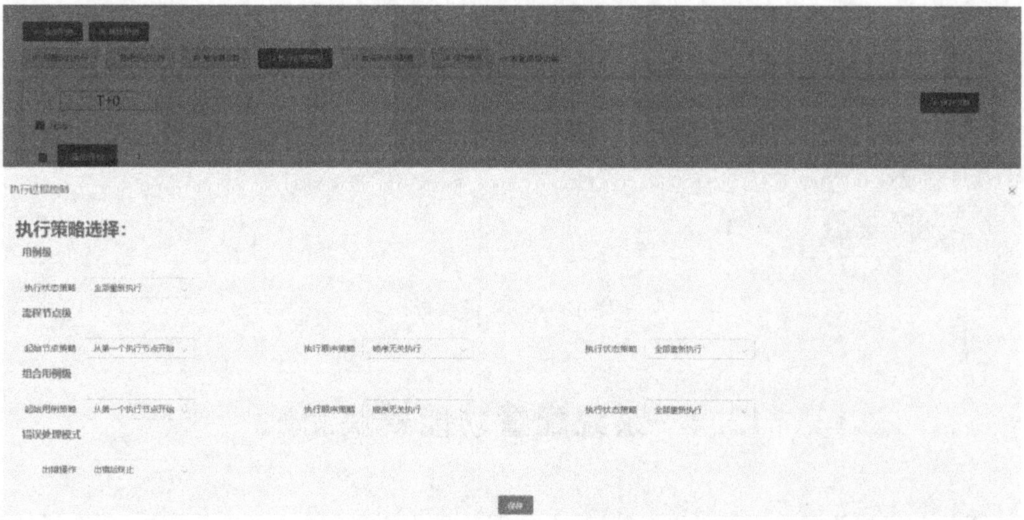

图 12-58　执行过程控制设置

（2）执行机的启动

打开执行机，登录自己的账号，如图 12-59 所示。

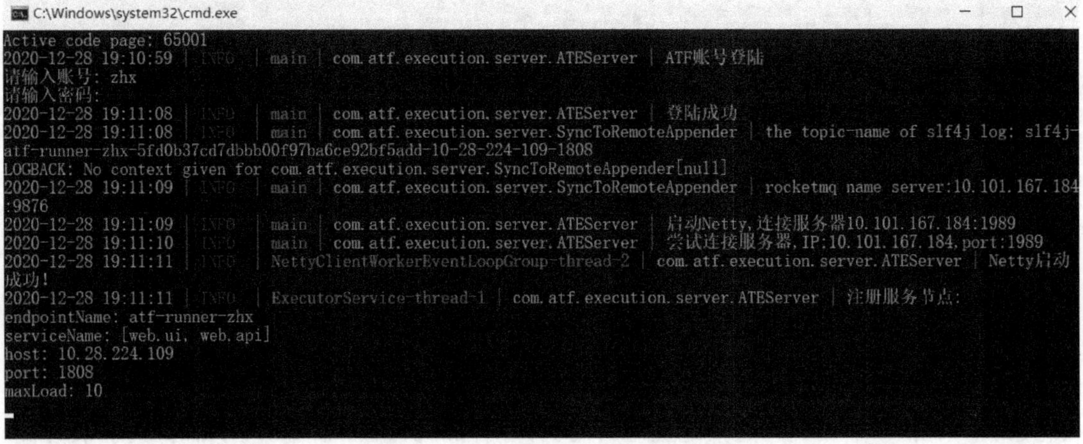

图 12-59　执行机的启动

（3）测试计划及执行

在项目测试栏中的测试计划及执行界面，单击"添加场景"，选择"智慧校园通用配置"场景，选择执行机，然后单击"批量执行"，执行场景列表中的测试用例，如图 12-60 所示。如操作步骤正确，即可观测到智慧校园网站完成相应的操作流程，并在工作空间中生成记录单。执行完成后可以单击"查询"查看执行结果以及执行报告。

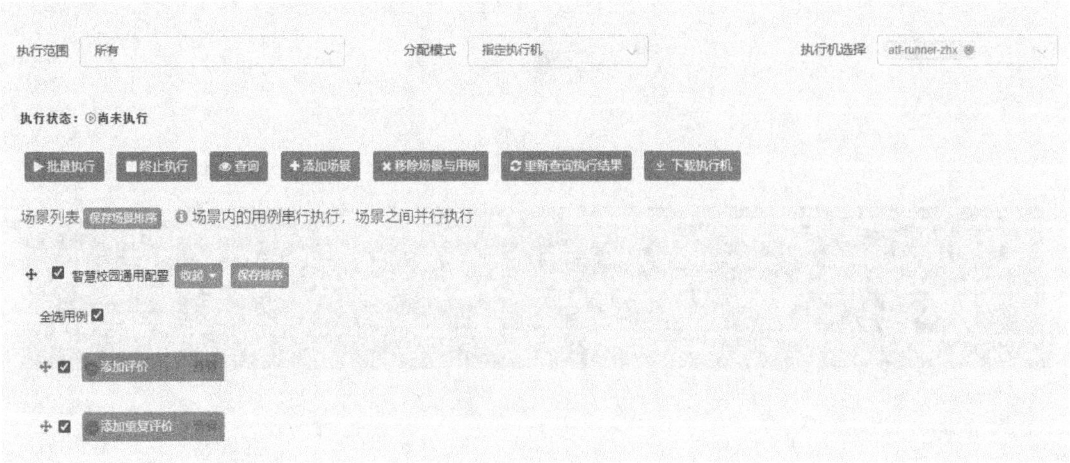

图 12-60　批量执行

12.4　系统配置功能模块测试

系统配置功能模块中包括组织管理、人员管理和角色管理 3 个子功能模块，每个子功能模块又包含多个功能点。

首先,在已经建立的被测系统中新建功能点,为该功能点完善元素库,然后在基础脚本界面完成模板的添加和参数化。在测试项目中添加测试用例,添加完成后,在已经建立的测试项目中新建测试用例,然后在测试资源管理中为每个用例添加数据,为生成实际的脚本提供数据。然后添加该功能点的场景,在场景中添加相关用例并设置执行控制策略。最后开启执行机,在测试计划及执行界面执行用例。观察测试结果,与预期结果进行对比,得出测试报告。

12.4.1　组织管理功能测试

1. 新建功能点

新建组织管理测试的功能点。在测试基础设施界面,选中新添加的被测系统,展示高级功能,单击"管理功能点",进入管理功能点界面。单击"添加",添加组织管理测试的功能点信息,如图 12-61 所示。

图 12-61　添加组织管理测试的功能点

2. 元素库的添加

组织管理界面涉及操作的元素有组织管理按钮、添加部门按钮、部门名称输入框、保存按钮等多个元素,如图 12-62 所示。在元素库界面添加这些元素,如图 12-63 所示。

3. 基础脚本的添加及参数化

选中组织管理功能点,单击"基础脚本",再单击"添加脚本"按钮,将涉及的脚本名称和脚本描述输入,单击"确定"进行保存。选中要添加元素的脚本后,单击脚本数据的"添加多项"按钮,在之前添加的元素中选择该脚本会操作到的元素,单击"确认"。单击"参数化",再单击"保存",完成基础脚本的配置。具体流程如图 12-64 至图 12-66 所示。

图 12-62　组织管理界面

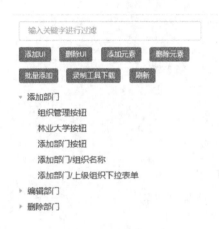

图 12-63　组织管理元素库

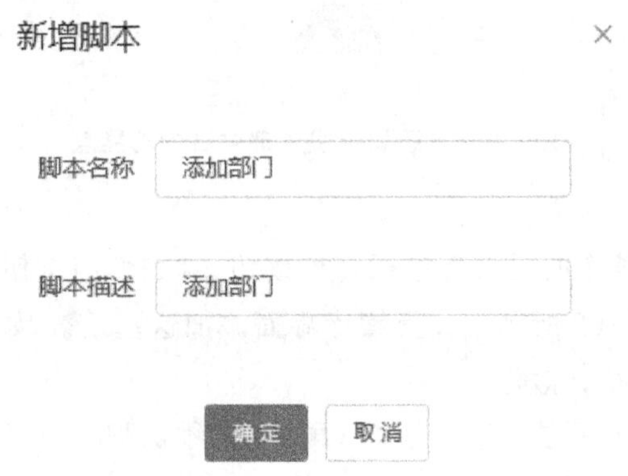

新增脚本　　　　　　　　　　　　　　✕

脚本名称　添加部门

脚本描述　添加部门

确　定　取　消

图 12-64　添加脚本

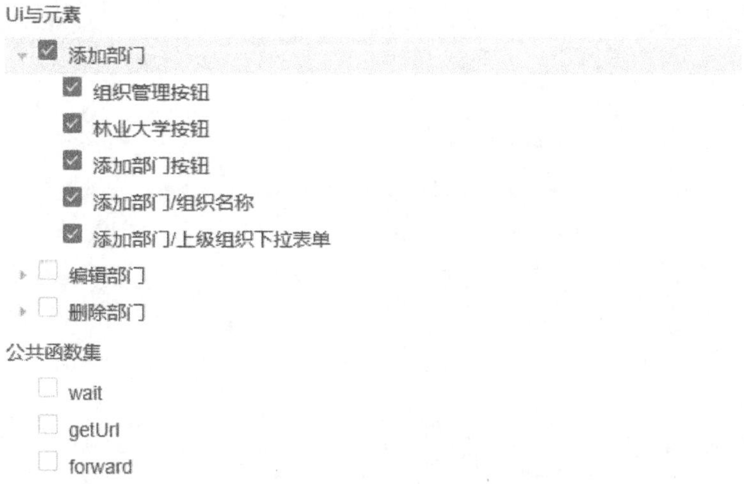

Ui与元素

　▾ ☑ 添加部门
　　　☑ 组织管理按钮
　　　☑ 林业大学按钮
　　　☑ 添加部门按钮
　　　☑ 添加部门/组织名称
　　　☑ 添加部门/上级组织下拉表单
　▸ ☐ 编辑部门
　▸ ☐ 删除部门

公共函数集
　☐ wait
　☐ getUrl
　☐ forward

图 12-65　选择操作到的元素

图 12-66　参数化及保存

4. 用例的添加

基础脚本配置完成后,进入项目测试栏中的项目管理页面,选中 12.2 节中添加的测试项目并进入,跳转至测试用例管理页面,单击"添加",在打开的添加用例页面中填写相关信息。

5. 测试资源的配置

进入"项目测试"→"测试资源管理",选中刚才创建的基础脚本,在图 12-67 所示的脚本表格中根据测试意图填写数据。如测试意图为"测试部门名为空情况",则对输入部门名称的输入框不进行输入操作,按钮栏填写"Y"(此处不区分大小写),单击"保存"。

#	查看脚本	用例编号	测试点	测试空图	测试步骤	预期结果	检查点	[按钮控件]-[组织管理按钮]
0	查看脚本	添加重复部门名	1	选中林业大学的客服部，添加部门，部门名重复	选中林业大学的客服部，添加部门，部门名重复	添加不成功，出现提示框	无	y
1	查看脚本	添加部门名为空	1	测试部门名为空情况	部门名为空	添加不成功，出现提示框	无	@value y @after wait("200");
2	查看脚本	正常 添加部门	1	测试正常添加情况	正常添加	添加成功	无	@value y @after wait("200");

图 12-67　用例测试资源的配置

6. 测试计划及执行

（1）测试场景的添加与配置

进入"项目测试"→"测试场景"，单击"添加"，输入场景名称"智慧校园组织管理"，添加新的测试场景，如图 12-68 所示，在测试场景表格中单击新添加的测试场景后的"管理"，在新页面中单击"添加用例"，选中配置好的用例，单击"确认添加"。选中添加的用例，选择"执行过程控制"，对执行策略及其他执行方案进行配置，单击"保存"完成配置，如图 12-69 所示，如果未设置执行过程控制，则执行不成功。

图 12-68　场景的添加

（2）执行机的启动

打开执行机，登录自己的账号，如图 12-70 所示。

（3）测试计划及执行

在项目测试栏中的测试计划及执行界面，单击"添加场景"，选择"智慧校园组织管理"场景，选择执行机，然后单击"批量执行"，执行场景列表中的测试用例，如图 12-71 所示。如操作步骤正确，即可观测到智慧校园网站完成相应的操作流程，并在工作空间中生成记录单。执行完成后可以单击"查询"查看执行结果以及执行报告。

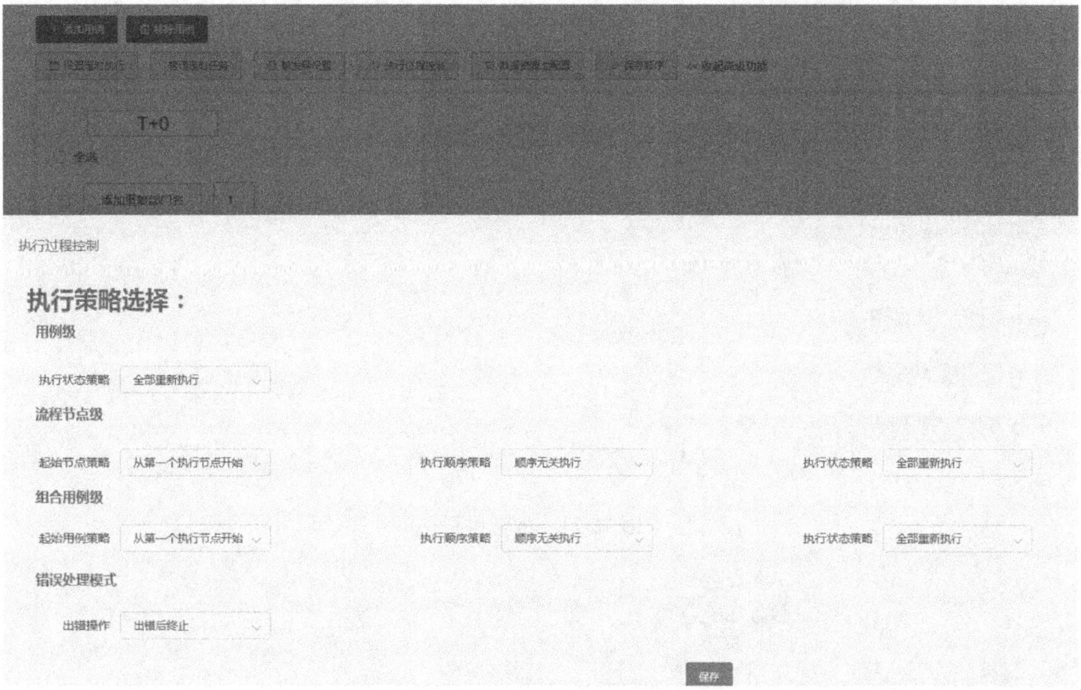

图 12-69　执行过程控制设置

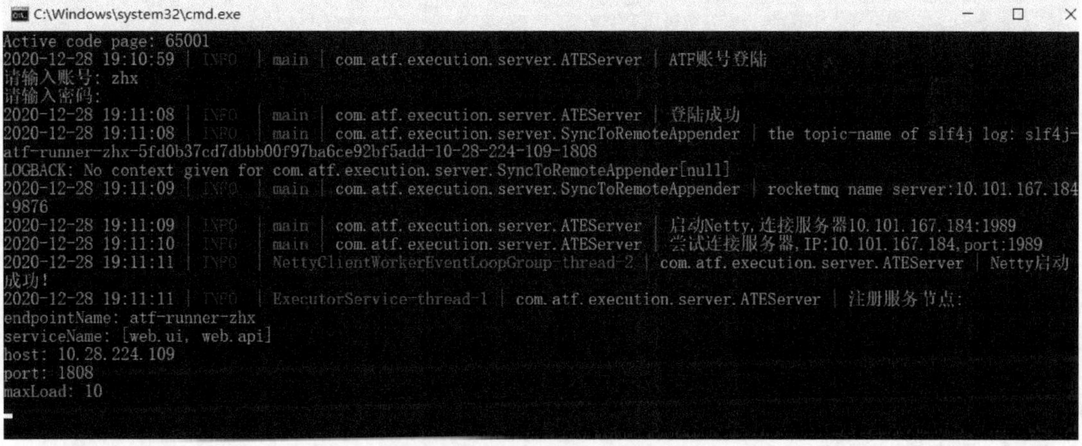

图 12-70　执行机的启动

12.4.2　人员管理功能测试

1. 新建功能点

新建人员管理测试的功能点。在测试基础设施界面,选中新添加的被测系统,展示高级功能,单击"管理功能点",进入管理功能点界面。单击"添加",添加人员管理测试的功能点信息,如图 12-72 所示。

图 12-71　批量执行

图 12-72　添加人员管理测试的功能点

2. 元素库的添加

人员管理界面涉及操作的元素有后勤服务中心下拉框、物业服务中心下拉框、添加人员按钮、编辑人员按钮等多个元素,如图 12-73 所示。在元素库界面添加这些元素,如图 12-74所示。

3. 基础脚本的添加及参数化

切换到基础脚本选项卡,选中"系统配置/人员管理"功能点,单击脚本数据的"添加多项"按钮,选中添加人员相关的所有元素,单击"确认"。单击"参数化",再单击"保存",完成基础脚本的配置。具体流程如图 12-75 至图 12-77 所示。

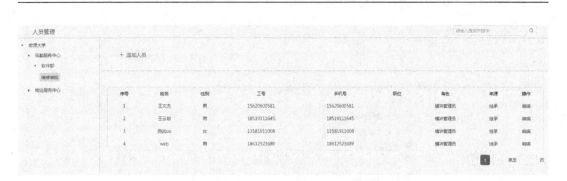

图 12-73　人员管理界面

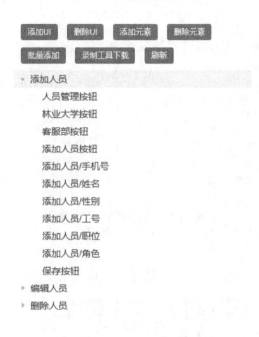

图 12-74　人员管理元素库

新增脚本　　　　　　　　　　　　　　　　　　　　　　×

脚本名称　　添加人员

脚本描述　　添加人员

确定　取消

图 12-75　添加脚本

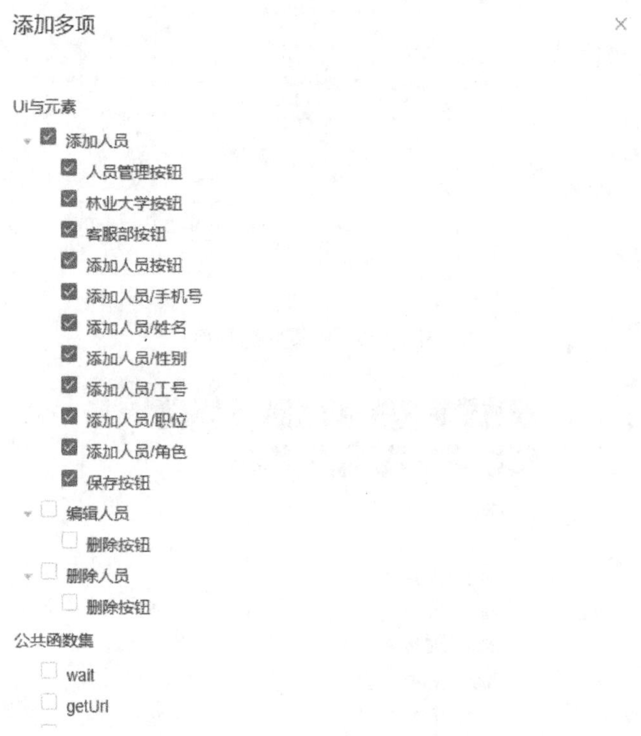

添加多项   ✕

Ui与元素
  ▾ ☑ 添加人员
      ☑ 人员管理按钮
      ☑ 林业大学按钮
      ☑ 客服部按钮
      ☑ 添加人员按钮
      ☑ 添加人员/手机号
      ☑ 添加人员/姓名
      ☑ 添加人员/性别
      ☑ 添加人员/工号
      ☑ 添加人员/职位
      ☑ 添加人员/角色
      ☑ 保存按钮
  ▾ ☐ 编辑人员
      ☐ 删除按钮
  ▾ ☐ 删除人员
      ☐ 删除按钮

公共函数集
    ☐ wait
    ☐ getUrl

图 12-76　选择操作到的元素

图 12-77　参数化及保存

4. 用例的添加

基础脚本配置完成后,进入项目测试栏中的项目管理页面,选中 12.2 节中添加的测试项目并进入,跳转至测试用例管理页面,单击"添加",在打开的添加用例页面中填写相关信息。

5. 测试资源的配置

进入"项目测试"→"测试资源管理",在筛选查询中选择"用例组成类型"→"等于"→"单用例",选中刚才填写的测试点,在图 12-78 所示的脚本表格中根据测试意图填写数据。如测试意图为"无法添加人员",则在人员信息中规范填写除电话之外的信息,按钮栏填写"Y"(此处不区分大小写),单击"保存"。

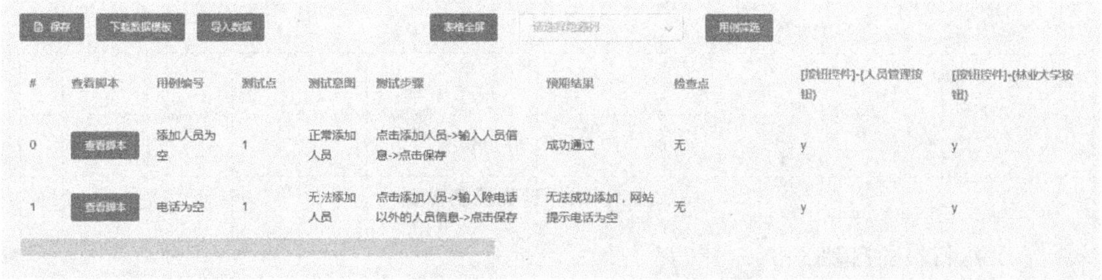

图 12-78　用例测试资源的配置

6. 测试计划及执行

(1) 测试场景的添加与配置

进入"项目测试"→"测试场景",单击"添加",输入场景名称"智慧校园人员管理",添加新的测试场景,如图 12-79 所示,在测试场景表格中单击新添加的测试场景后的"管理",在新页面中单击"添加用例",选中配置好的用例,单击"确认添加"。选中添加的用例,选择"执行过程控制",对执行策略及其他执行方案进行配置,单击"保存"完成配置,如图 12-80 所示,如果未设置执行过程控制,则执行不成功。

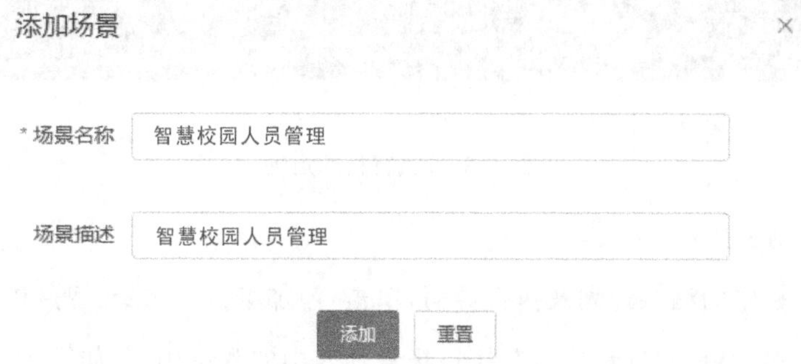

图 12-79　场景的添加

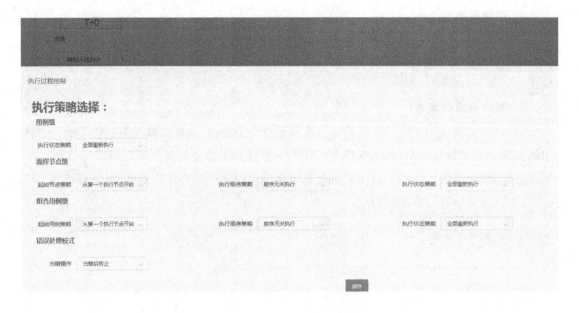

图 12-80　执行过程控制设置

（2）执行机的启动

打开执行机，登录自己的账号，如图 12-81 所示。

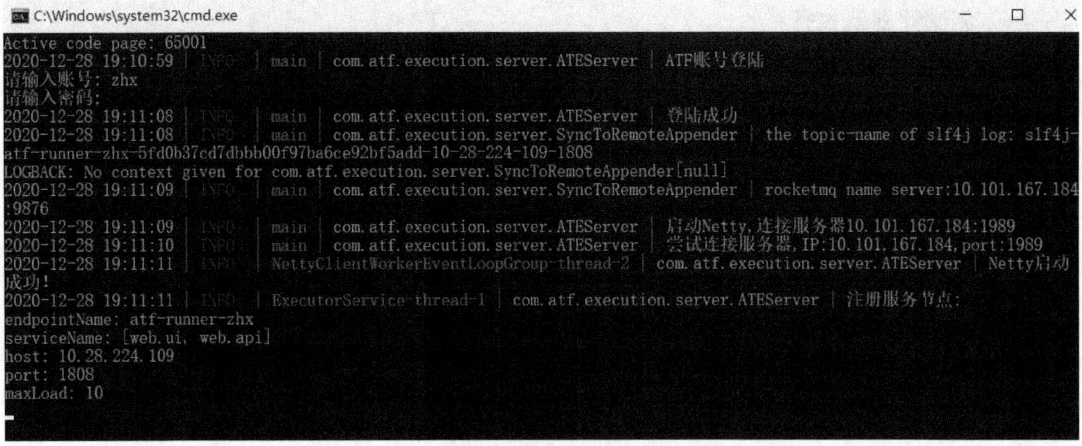

图 12-81　执行机的启动

（3）测试计划及执行

在项目测试栏中的测试计划及执行界面，单击"添加场景"，选择"智慧校园人员管理"场景，选择执行机，然后单击"批量执行"，执行场景列表中的测试用例，如图 12-82 所示。如操作步骤正确，即可观测到智慧校园网站完成相应的操作流程，并在工作空间中生成记录单。执行完成后可以单击"查询"查看执行结果以及执行报告。

图 12-82　批量执行

12.4.3　角色管理功能测试

1．新建功能点

新建角色管理测试的功能点。在测试基础设施界面,选中新添加的被测系统,展示高级功能,单击"管理功能点",进入管理功能点界面。单击"添加",添加角色管理测试的功能点信息,如图 12-83 所示。

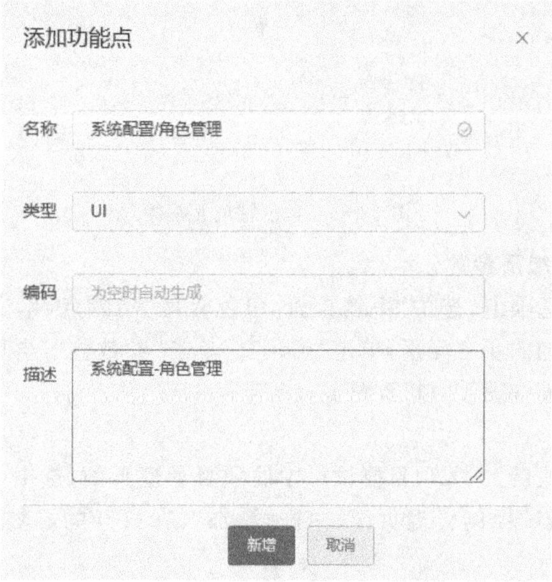

图 12-83　添加角色管理测试的功能点

2．元素库的添加

角色管理界面涉及操作的元素有角色管理按钮、添加角色按钮、角色名称输入框、描述输入框等多个元素,如图 12-84 所示。在元素库界面添加这些元素,如图 12-85 所示。

图 12-84　角色管理界面

图 12-85　角色管理元素库

3. 基础脚本的添加及参数化

切换到基础脚本选项卡,选中"系统配置/角色管理"功能点,单击脚本数据的"添加多项"按钮,选中之前添加的所有元素,单击"确认"。单击"参数化",再单击"保存",完成基础脚本的配置。具体流程如图 12-86 至图 12-88 所示。

4. 用例的添加

基础脚本配置完成后,进入项目测试栏中的项目管理页面,选中 12.2 节中添加的测试项目并进入,跳转至测试用例管理页面,单击"添加",在打开的添加用例页面中填写相关信息。

5. 测试资源的配置

进入"项目测试"→"测试资源管理",在筛选查询中选择"用例组成类型"→"等于"→"单用例",选中刚才填写的测试点,在图 12-89 所示的脚本表格中根据测试意图填写数据。如测试意图为"测试添加角色姓名为空",则在填写信息时不填写姓名栏,按钮栏填写"Y"(此处不区分大小写),单击"保存"。

新增脚本　　　　　　　　　　　　　　　　　　　　　　　✕

脚本名称　　添加角色

脚本描述　　添加角色

确定　取消

图 12-86　添加脚本

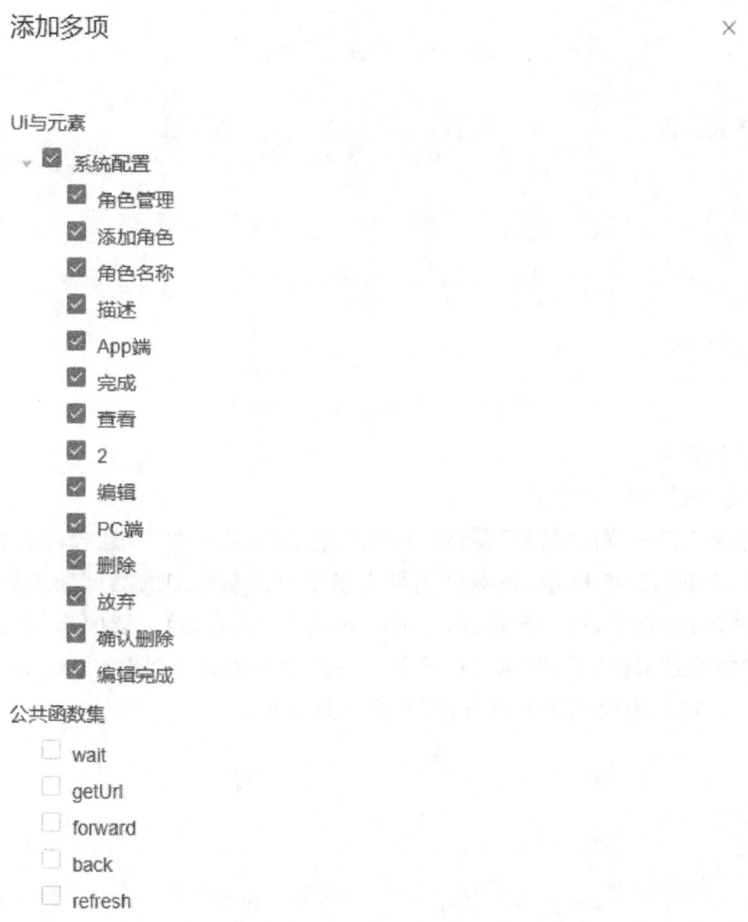

添加多项　　　　　　　　　　　　　　　　　　　　　　　✕

Ui与元素
　　☑ 系统配置
　　　　☑ 角色管理
　　　　☑ 添加角色
　　　　☑ 角色名称
　　　　☑ 描述
　　　　☑ App端
　　　　☑ 完成
　　　　☑ 查看
　　　　☑ 2
　　　　☑ 编辑
　　　　☑ PC端
　　　　☑ 删除
　　　　☑ 放弃
　　　　☑ 确认删除
　　　　☑ 编辑完成
公共函数集
　　☐ wait
　　☐ getUrl
　　☐ forward
　　☐ back
　　☐ refresh

图 12-87　选中之前添加的所有元素

图 12-88　参数化及保存

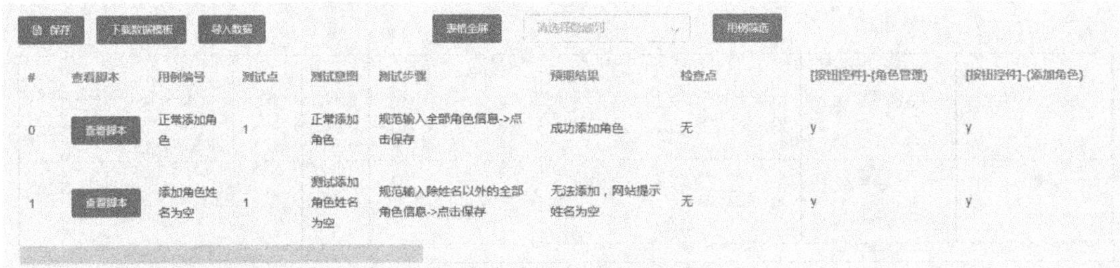

图 12-89　用例测试资源的配置

6. 测试计划及执行

(1) 测试场景的添加与配置

进入"项目测试"→"测试场景",单击"添加",输入场景名称"智慧校园角色管理",添加新的测试场景,如图 12-90 所示,在测试场景表格中单击新添加的测试场景后的"管理",在新页面中单击"添加用例",选中配置好的用例,单击"确认添加"。选中添加的用例,展开高级功能,选择"执行过程控制",对执行策略及其他执行方案进行配置,单击"保存"完成配置,如图 12-91 所示,如果未设置执行过程控制,则执行不成功。

图 12-90　场景的添加

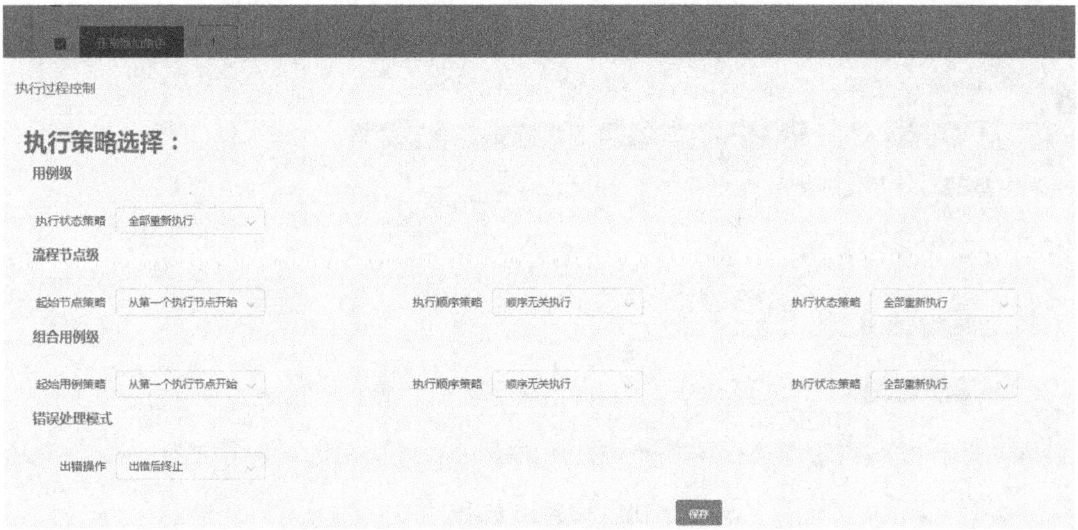

图 12-91　执行过程控制设置

（2）执行机的启动

打开执行机，登录自己的账号，如图 12-92 所示。

图 12-92　执行机的启动

（3）测试计划及执行

在项目测试栏中的测试计划及执行界面，单击"添加场景"，选择"智慧校园角色管理"场景，填写执行轮次为 1，单击"批量执行"，执行场景列表中的测试用例，如图 12-93 所示。如操作步骤正确，即可观测到智慧校园网站完成相应的操作流程，并在工作空间中生成记录单。

图 12-93　批量执行